Islam in der Gesellschaft

Herausgegeben von
R. Ceylan, Osnabrück, Deutschland
N. Foroutan, Berlin, Deutschland
A. Zick, Bielefeld, Deutschland

Die neue Reihe *Islam in der Gesellschaft* publiziert theoretische wie empirische Forschungsarbeiten zu einem international wie national aktuellem Gegenstand. Der Islam als heterogene und vielfältige Religion, wie aber auch kulturelle und soziale Organisationsform, ist ein bedeutsamer Bestandteil von modernen Gesellschaften. Er beeinflusst Gesellschaft, wird zum prägenden Moment und erzeugt Konflikte. Zugleich reagieren Gesellschaften auf den Islam und Menschen, die im angehören bzw. auf das, was sie unter dem Islam und Muslimen verstehen. Der Islam prägt Gesellschaft und Gesellschaft prägt Islam, weil und wenn er in Gesellschaft ist. Die damit verbundenen gesellschaftlichen Phänomene und Prozesse der Veränderungen sind nicht nur ein zentraler Aspekt der Integrations- und Migrationsforschung. Viele Studien und wissenschaftlichen Diskurse versuchen, den Islam in der Gesellschaft zu verorten und zu beschreiben. Diese Forschung soll in der Reihe *Islam in der Gesellschaft* zu Wort und Schrift kommen, sei es in Herausgeberbänden oder Monografien, in Konferenzbänden oder herausragenden Qualifikationsarbeiten.

Die Beiträge richten sich an unterschiedliche Disziplinen, die zu einer inter- wie transdisziplinären Perspektive beitragen können:

- Sozialwissenschaften, Soziologie
- Islamwissenschaft
- Integration- und Migrationsforschung
- Bildungswissenschaft
- Sozialpsychologie
- Kulturwissenschaften
- Geschichtswissenschaft und
- weitere Wissenschaften, die Forschungsbeiträge zum Thema aufweisen.

Weitere Bände in dieser Reihe http://www.springer.com/series/14772

Michael Kiefer · Jörg Hüttermann
Bacem Dziri · Rauf Ceylan · Viktoria Roth
Fabian Srowig · Andreas Zick

„Lasset uns in sha'a Allah ein Plan machen"

Fallgestützte Analyse der Radikalisierung einer WhatsApp-Gruppe

Springer VS

Michael Kiefer
Osnabrück, Deutschland

Jörg Hüttermann
Bielefeld, Deutschland

Bacem Dziri
Osnabrück, Deutschland

Rauf Ceylan
Duisburg, Deutschland

Viktoria Roth
Bielefeld, Deutschland

Fabian Srowig
Bielefeld, Deutschland

Andreas Zick
Bielefeld, Deutschland

Islam in der Gesellschaft
ISBN 978-3-658-17949-6 ISBN 978-3-658-17950-2 (eBook)
DOI 10.1007/978-3-658-17950-2

Die Deutsche Nationalbibliothek verzeichnet diese Publikation in der Deutschen Nationalbibliografie; detaillierte bibliografische Daten sind im Internet über http://dnb.d-nb.de abrufbar.

Springer VS

Springer VS ist Teil von Springer Nature
Die eingetragene Gesellschaft ist Springer Fachmedien Wiesbaden GmbH
Die Anschrift der Gesellschaft ist: Abraham-Lincoln-Str. 46, 65189 Wiesbaden, Germany

Inhalt

Vorwort

Die vorliegende interdisziplinäre Studie zur WhatsApp-Kommunikation djihadistischer Jugendlicher und Heranwachsender ist mittelbar durch ein Forschungsprojekt angestoßen worden, das sich mit der Bedeutung sozialstrukturell benachteiligter Sozialräume für die islamistisch-djihadistische Radikalisierung befasst. Das am Institut für Islamische Theologie (IIT) der Universität Osnabrück angesiedelte Projekt mit dem Titel „*Soziale Umwelten und Interaktionen – Verläufe von Radikalisierung in einem belasteten Sozialraum*" läuft seit Oktober 2015 (Projektende: September 2017). Es ist seinerseits in einen Forschungsverbund eingebettet, der unter der Bezeichnung „*Junge Menschen und gewaltorientierter Islamismus: Biographische Verläufe, Entwicklungswege und sozialräumliche Konstellationen*" firmiert. Neben dem IIT sind auch das „Institut für interdisziplinäre Konflikt- und Gewaltforschung" (IKG) der Universität Bielefeld) mit dem Teilprojekt „*Sozialisation zur islamistischen Gewalt*" und das „Deutschen Jugendinstitut" (DJI) in Halle/Saale mit dem Teilprojekt „*Biographieanalyse von Entwicklungswegen junger Menschen*" am Verbund beteiligt. Der Forschungsverbund und seine Teilprojekte werden vom „Bundesministerium für Familie, Senioren, Frauen und Jugend" (BMFSFJ) im Rahmen des Programms „*Demokratie Leben!*" gefördert.

Die Mittelbarkeit des Anstoßes zu diesem Buch erklärt sich daraus, dass zur Vorbereitung auf die ethnographische Feldforschung in einem benachteiligten Sozialraum Kontakte erschlossen wurden, die später den Zugriff auf genau jene Chat-Protokolle ermöglichten, die den Analysen dieses Buches als empirische Grundlage dienen. Wir danken an dieser Stelle dem ARD-Fernsehmagazin „*report* München", das uns die Protokolle vollständig zur Verfügung stellte. Weil diese Form der Empirie nicht den Datenklassen entspricht, deren Erhebung vorgesehen war und weil zudem schnell deutlich wurde, dass wir zur Analyse die Expertise eines erweiterten Kolleg*innenkreises in Anspruch nehmen müssten, beschlossen wir, weitere Mitarbeiter*innen des IIT und des IKG hinzuzuziehen. Sie sind allesamt Autor*innen des vorliegenden Buches. Ein wichtiger Grund für diese Vorgehensweise, war schließlich auch die pragmatische Überlegung, den Akteur*innen der Präventionsarbeit möglichst umgehend, dringend benötigte Einblicke in die Binnenperspektive der Radikalisierung und in darauf aufbauende Analysen bereitstellen zu wollen.

Wir sind dem BMFSFJ dafür dankbar, dass es mit der Förderung des oben genannten Projekts bzw. Projektverbundes eine wichtige mittelbare Voraussetzung für das Zustandekommen dieser Publikation bewerkstelligt hat.

Auf einen vollumfänglichen Abdruck der Chatprotokolle müssen wir aufgrund bestehender rechtlicher Schranken einstweilen verzichten. Wir hoffen, dies ggf. in einer späteren Auflage nachholen zu können.

Wir widmen dieses Buch den Opfern djihadistischer Gewalt und all jenen, die mit gefährdeten Jugendlichen arbeiten, um ihnen neue Wege zu eröffnen.

Einleitung

Forschungsnetzwerk Radikalisierung und Prävention

Der vorliegende Band befasst sich mit einem WhatsApp-Chat, der aus dem Handy eines jungen Salafisten ausgelesen worden ist. Es handelt sich um ein Dokument, das sowohl Forschung als auch Öffentlichkeit die Binnenperspektive einer djihadistischen Gruppe im Vorfeld eines von ihr zu verantwortenden Anschlags zugänglich macht. Der Anschlag wurde im Frühjahr des Jahres 2016 ausgeführt. Der den Zeitraum von vier Monaten abdeckende Chat beinhaltet neben anderen, für die Analyse wichtigen Themen, die logistische und ideologische Vorbereitung auf eben diesen Anschlag. Der djihadistischen Gruppe gehören ausschließlich junge und zum großen Teil minderjährige Männer an, die dem Kontext der gewaltbefürwortenden neo-salafistischen Mobilisierung zuzurechnen sind.

Die Autor*innen des Bandes beleuchten das aus der Sicht der Radikalisierungsforschung einmalige Dokument aus vier unterschiedlichen Blickwinkeln – einer islamwissenschaftlichen, einer soziologischen, einer sozialpsychologischen und einer erziehungswissenschaftlichen Perspektive. Auf den ersten Blick mag es gewagt erscheinen, eine Studie im Wesentlichen auf Analysen nur eines einzigen Dokuments zu beschränken.[1] Doch das in diesem Dokument enthaltene umfangreiche Datenmaterial vermittelt Einblicke, die weder durch herkömmliche Feldforschungsmethoden, noch durch das Studium von Gerichtsakten oder durch biographische Selbstzeugnisse von Aussteigern zu bewerkstelligen sind. So erlaubt das Studium des Dokuments es dem Forschungsteam, die meist unvermeidlichen Effekte der sozialen Erwünschtheit zu umgehen oder jene Verzerrungen zu umschiffen, die sich

1 Im Zuge von Feldforschungen in einem sozialstrukturell benachteiligten Sozialraum konnten wir auch Daten z. B. über die Familiensituation eines Beteiligten oder über Konflikte von Gruppenmitgliedern mit etablierten Moscheen, das Verhalten von Gruppenmitgliedern im Schulunterricht und anderes mehr generieren. Für die vorliegenden Analysen wurden solche Daten jedoch nur als Hintergrundinformation genutzt. Eine intensive Verwertung hätte die Datenschutzinteressen unbeteiligter Dritter berührt.

u. a. aus Rechtfertigungsstrategien von Aussteiger*innen ergeben. Soweit wir sehen, ist bislang noch kein Versuch gemacht worden, derartiges Material aus dezidiert wissenschaftlich basierter interdisziplinärer Perspektive zu untersuchen. Unsere Vorgehensweise ist unseres Erachtens nicht zuletzt angesichts der Realität einer sich mitten in der deutschen Gesellschaft vollziehenden Radikalisierung junger Menschen und dem derzeitig nur eingeschränkten Science-to-Action-Transfers bzw. einer evidenzbasierten Fundierung von Prävention und Intervention geboten. Dies gilt umso mehr, als unsere Zivilgesellschaft sich nicht allein auf sicherheitstechnische und rechtliche Operationen sowie auf Forschungen der Sicherheitsbehörden verlassen sollte, wenn sie ihr Potenzial ausschöpfen möchte.

Vor diesem Hintergrund ist es ein Glücksfall, dass eine Forschungsgruppe, die sich explizit praxisnaher Forschung verschrieben hat, auf das besagte Chatprotokoll stößt bzw. durch ein Fernsehmagazin darauf gestoßen wird. Die Forschungsgruppe setzt sich aus Forschenden zusammen, die mit Blick auf Salafismus- und Radikalisierungsphänomene zwar einerseits mit grundlagenwissenschaftlichen Modellen und Theorien arbeiten, sich andererseits aber dem Transfer ihrer Kenntnisse in die Praxis verschrieben haben. Der Forschungsgruppe geht es nicht primär um eine Prüfung einer bestimmten Theorie oder Hypothese und auch nicht um eine rein grundlagenwissenschaftliche Erkenntnisfrage. Es geht ihr vielmehr darum, die Lebenswelt junger Menschen, die durch eine gewaltbefürwortende islamistische Agenda miteinander verbunden sind, zu explorieren, zu rekonstruieren und zu analysieren.

Indem sie so verfährt, legt die Forschungsgruppe wesentliche Wechselwirkungen zwischen einer extremistischen Gruppe und den gesellschaftlichen Kontexten frei, vor deren Hintergrund die Radikalisierung der Beteiligten stattfindet: So rekonstruiert sie etwa die lebenswirkliche Orientierung junger Menschen auf eine wie auch immer selbst gestaltete Religion. Zweitens wird gezeigt, dass und wie diese Orientierung in Milieustrukturen moderner Gesellschaften eingebunden ist. Drittens wird die jugendkulturelle Dimension einer Radikalisierung dargelegt, die ihrerseits in den Kontext von Sozialisationsprozessen eingebettet ist. Unser Fokus auf die Trias von Religion, Milieu und Kultur eröffnet den Blick auf die Bedeutung radikal-religiöser Gruppenkonstruktionen, das Verständnis der Radikalität von Kollektiven als moderne Milieus und ein Verständnis der Konstruktion einer radikalen Jugendkultur. Religion, Milieu und Kultur werden durch eine eng kontrollierte, abgeschottete und unmittelbare Kommunikation aufgegriffen und in eine radikale Welt transformiert, die zur Tat drängt.

Das zugrunde liegende Dokument enthält insgesamt 5.757 Postings von zeitweilig bis zu 12 Gruppenmitgliedern. Die Postings legen die interne Kommunikation unmittelbar vor dem Anschlag offen.[2] Die natürlichen Daten vermitteln authentische Informationen zu einer Vielzahl von Aspekten. Hierzu zählen:

- das selbstgewählte Organisationsmodell,
- die Gruppenstrukturen,
- die Gruppenhierarchie,
- die Gruppendynamik,
- die Konstruktionsprozesse ideologischer Begründungen,
- die Genese religiös begründeter Auffassungen und deren Umsetzung und die
- die Konstruktion von Selbsterhöhung und nachfolgender Selbstermächtigung.

Hervorzuheben ist, dass evidenzbasierte Aussagen der Forschungsgruppe zu den hier genannten Aspekten zunächst einmal auf die am Chat beteiligten Personen zielen – und zwar insoweit diese sich im Chat selbst offenbaren. Zwar erlauben die Daten des Chatprotokolls einige hilfreiche, alles in allem aber doch nur begrenzte Schlüsse auf die gruppeninternen Beziehungen und Strukturen, auf das soziale Umfeld der Jugendlichen oder auf die außerhalb der Chatkommunikation stattfindenden Treffen der Gruppenmitglieder. Auch die konkrete Tatvorbereitung bzw. logistische Aktivitäten bleiben gewissermaßen weitgehend unterhalb unseres Radars. Darüber hinaus ist unser Sichtfeld auch insofern eingeschränkt, als die Gruppe auch auf andere Messengerdienste und Kommunikationskanäle rekurriert, die wir nicht einsehen können. Da sich der Gruppenchat zudem nur auf die letzten vier Monate vor dem Anschlag bezieht, lassen sich keine Rückschlüsse über die individuellen Entwicklungswege, sowie die Hinwendung zu und Aneignung von radikalen Einstellungen der einzelnen Beteiligten ziehen.

Eine weitere Einschränkung der Reichweite unserer Analysen betrifft die internationale Diskussion von Stufen- oder Phasenmodellen der Radikalisierung. Solche Radikalisierungsmodelle werden vornehmlich aus der Extremismus- bzw. Terrorismusforschung abgeleitet, und zerlegen den Prozess der Radikalisierung in Phasen bzw. Stufen, an deren Ende eine Gewalttat steht (vgl. zum Überblick: Borum 2011a, 2011b). Unsere Studie kann zur Verifikation oder Falsifikation solcher Stufenlehren schon deshalb nichts beitragen, weil sie nur eine relativ kurze Zeitspanne abdeckt. Es fragt sich aber, ob die Studie trotz dieser Einschränkung nicht auch etwas Positives zur Debatte um Stufenmodelle beiträgt. So haben diese vereinfachenden Modelle zwar durchaus ihre Berechtigung, weil sie komplexe

---

2 Der Chat dokumentiert nicht alle Aktivitäten der Gruppenmitglieder in sozialen Netzwerken. Einzelne Mitglieder unterhielten nach Recherchen von Report München auch Mitgliedschaften bei dem Messenger Telegram.

Sachverhalte verständlich darstellen können, doch andererseits werden sie dem Gegenstand nur selten gerecht. Unser Datenmaterial zeigt denn auch, dass die radikalen Einstellungen der Jugendlichen, die letztlich zur Tat führen, das Ergebnis von sich wiederholenden Diskursschleifen und Aushandlungsprozessen sind. So war der Tatentschluss zum Gründungszeitpunkt der Whatsapp Gruppe „Ansaar Al Khalifat Al Islamiyya“ – so die Selbstbezeichnung der Gruppe – bereits gefasst und die Jugendlichen waren in ihrer Radikalisierung weit fortgeschritten; dennoch mussten sie sich immer wieder auf das gemeinsame Ziel einschwören. Wie die Protokolle zeigen, arbeitet sich die gruppeninterne Beschwörung von Entschlossenheit an partiell weiterhin fortbestehenden Zweifeln ab. Der Chatverlauf bietet Zugang zu diesem fragil anmutenden und umkehrbar erscheinenden Prozess der Konsolidierung einer Verschwörergruppe. Die auf die religionssoziologische Einführung folgenden Analysen zeigen den interaktiven Charakter der gruppeninternen Einstellungsgenese auf und machen die Akte der Legitimation von Gewalt transparent. Die Eigendynamik der Interaktionen zeigt sich beispielsweise daran, dass sie den offiziellen Zweck der Verschwörung, nämlich die logistische sowie ideologische Vorbereitung des Anschlags immer wider hintanstellt. So lassen sich die Jugendlichen nicht davon abhalten, immer auch Probleme des Alltags zu kommunizieren und diese durch religiös aufgeladene Problemlösungsstrategien zu bewältigen.

Die Analysen

Das Forschungsteam analysiert das Chatprotokoll unter Berücksichtigung seiner interdisziplinären Expertise, die sowohl islamwissenschaftliche, soziologische, religionssoziologische, jugendwissenschaftliche als auch sozialpsychologische Forschungsstränge umfasst.[3] D. h. die Wissenschaftler*innen nehmen ihre jeweiligen disziplinären Prägungen nicht zum Anlass, systematisch die Vorzüge und Nachteile ihrer gewissermaßen angestammten Fachrichtung bei der Analyse der djihadistisch-salafistischen Radikalisierung zu verhandeln. Die Beiträge wurden aus der jeweiligen genuinen Fachperspektive der beteiligten Autoren verfasst und anschließend in der Gesamtgruppe intensiv diskutiert und überarbeitet. Die Interdisziplinarität konstituiert sich einerseits durch die Berücksichtigung der disziplinären Zugänge und andererseits durch die alle gleichermaßen bewegende Frage nach Strukturen und Dynamiken der Radikalisierung. Vor allem aber ergibt sie sich daraus, dass der Gegenstand bzw. das sich am Gegenstand Zeigende stets im

3 Explizit kriminologische, rechtswissenschaftliche, linguistische oder kommunikationswissenschaftliche, pädagogische oder sozialarbeiterische Sichtweisen sind der Forschungsgruppe zwar bekannt, werden aber aus Gründen der Zeitökonomie nicht berücksichtigt.

Vordergrund des Kooperationsinteresses und des gesamten Forschungsprozesses stand. Der Forschungsprozess wurde im Rahmen dreier Workshops vorangetrieben. Relevante Teilergebnisse wurden in die Einzelbeiträge eingearbeitet.

Die zitierten Textauszüge aus dem Chatprokoll sind durchgehend und vollständig unter Wahrung hoher Auflagen an rechtliche Standards anonymisiert. Es werden wechselnde Namenskürzel verwendet und keine konkreten Ortsbezeichnungen genannt.

Das nachstehende von Rauf Ceylan verfasste Kapitel kontextualisiert das Chatprotokoll und stellt es in den Zusammenhang der religionssoziologischen Debatte über die Wiederkehr der Religion im Gewand des globalen Fundamentalismus. Zunächst wird dieses Phänomen im Lichte des Ansatzes von Martin Riesebrodt beschrieben und erklärt. Sodann wird dessen Analyseraster auf den Fundamentalismus im islamischen Kontext angewandt. Dabei zeigt sich, dass der Fundamentalismus, obschon er rein wirkungsgeschichtlich ein Produkt der Moderne darstellt, nicht ohne historisch-theologische Rückbezüge auskommt. Um dies zu verdeutlichen, geht Ceylan in seinem Beitrag gewissermaßen auf eine „theologische Spurensuche" in der islamischen Historie. Dabei werden zentrale Figuren in der Gelehrtentradition mit ihren Lehren beleuchtet, auf die sich das neo-salafistische Milieu bis heute als geistige Autoritäten bezieht. Nach einer Bilanz dieser Analyse bilden die Entwicklungen des islamischen Fundamentalismus und Salafismus nach der Bildung von Nationalstaaten den zweiten Schwerpunkt des Beitrages. Dabei werden vornehmlich die neuen geistigen Väter des politischen Islam wie Sayyid Qutb und Maududi analysiert, um auf dieser Grundlage – und dies ist der dritte Schwerpunkt des Kapitels – den Neo-Salafismus als Jugendbewegung in Deutschland zu charakterisieren.

Das von Bacem Dziri und Michael Kiefer verfasste Kapitel analysiert das Dokument aus einer islamwissenschaftlichen Perspektive. Die Autoren diskutieren dessen religiösen Gehalt vor dem Hintergrund der Frage, ob und, wenn ja, wie der Radikalismus mit dem Islam als traditioneller Religion im Zusammenhang steht. Sie hinterfragen dabei jene Thesen, wonach Radikalisierungsprozesse das Proprium einer breiten religiösen Basis seien. Ihre Untersuchung der Chatprotokolle weist dahingegen einen je nach (mal stärker ideologischem und mal willkürlich-persönlichem) wechselndem Interesse konstruierten „Lego-Islam" auf. Mit einer systematischen Theologie, wie sie in den Traditionen des sunnitischen Islams herausgebildet und praktiziert wird, hat dieser kaum mehr als die einzelnen „Bausteine" (die Vokabeln und Symbole) gemein. So verwundert es nicht, dass u. a. auch Elemente westlicher Jugend- und Konsumkulturen und selbst Narrationen aus der christlichen Symbolwelt Bestandteile dieses „Islam"-Konstrukts bilden. Um dies zu veranschaulichen, verweisen die beiden Autoren auf ausgewählte Aussagen und Diskussionen, die mit einer Art feierlichen Inaugurationserklärung des „Amirs" ansetzen und mit etwas enden, das wohl als Testament gemeint ist, welches den verbleibenden Getreuen und Nachfolgern gewidmet ist. Kiefer und Dziri fokussieren ihre Analyse auf fünf Themen-Cluster, zu denen sie die diversen Einzelthemen und Postings des Chats zusammenfassen. Im Zuge dessen problematisieren sie schließlich die Islamizität der Gruppe und formulieren sechs Kernthesen.

Im Rahmen des von Andreas Zick, Viktoria Roth und Fabian Srowig verfassten Kapitels wird aus einer jugendsoziologischen Perspektive beschrieben, auf welche Weise eine Vermischung radikal-islamistischer Inhalte mit westlichen jugend- und konsumkulturellen Elementen stattfindet. Im Fokus der qualitativen Auswertung des Chatprotokolls steht neben der Inhaltsanalyse jugendspezifischer Kommunikationsinhalte und radikal-islamistischer Themen, die Beschreibung der Charakteristika der Gruppe mit besonderem Augenmerk auf bestimmte Rollenfunktionen, Hierarchien und Dynamiken. Die inhaltliche Strukturierung des Datenmaterials erfolgt über die Zusammenfassung und Extraktion der wiederholt von den Gruppenmitgliedern eingeführten Themen- und Inhaltsbereiche. Daraus resultieren die zentralen Kategorien: *Gruppendynamik, Beziehungen, (Jugend-) Kultur* sowie *Belohnungen und Lebensperspektiven,* die anhand prototypischer Gesprächssequenzen und einzelner Chateinträge dargestellt und analysiert werden. Die Analyse zeigt, dass sich die Gruppe bestimmter sprachlicher, stilistischer und symbolischer Mittel sowie eines Regelwerks bedient, welche durch die Propaganda des IS und durch die Religionsauslegung neo-salafistischer Prediger geprägt sind. Diese diversen und zum Teil willkürlich herangezogenen religiösen Elemente werden genutzt, um den Zusammenhalt der männerbündischen Gleichaltrigengruppe zu festigen, individuelle Problemlagen durch klare Handlungsanweisungen zu lösen und die Zugehörigkeit zum internationalen Jihad auszudrücken. Dabei eifern die Jugendlichen dem männlichen Rollenvorbild des „Mudschahid" nach und versuchen sukzessive alle kindlichen Elemente abzulegen. Wie gezeigt werden kann, sind ihre Vorstellung vom „Dschihad" zwar naiv, dessen ungeachtet sollen jedoch ihre Taten ihre Reife unter Beweis stellen und sie als vollwertige Mitglieder des internationalen Jihad ausweisen.

Im anschließenden Kapitel beleuchtet Jörg Hüttermann die spezifische Soziologik der neo-salafistisch-djihadistischen Chatgruppe im Lichte eines Vergleichs. Er stellt den Verschwörern eine andere, der islamischen Mystik zuzurechnenden muslimischen Gruppierung gegenüber. Im ersten Schritt arbeitet Hüttermann eine grundlegende Gemeinsamkeit beider Gruppierungen heraus. Demnach agieren neo-salafistische Djihadisten und muslimische Mystiker insofern gleichermaßen modern, als sie sich an dem für die Moderne konstitutiven Problem der Kontingenzerfahrung abarbeiten. In ihrer Reaktion auf diese Grunderfahrung modernen

Lebens verstricken sich beide Gruppierungen in die Paradoxie der Aneignung von Ursprünglichkeit. Die Paradoxie besteht darin, dass das, was moderne Menschen für sich als ursprünglichen sinnhaften Boden in Anspruch nehmen und handhaben, durch eben diese Handhabung in seiner Ursprünglichkeit vernichtet wird. Im zweiten Schritt arbeitet Hüttermann Unterschiede heraus, anhand derer die spezifische Soziologik des militanten Neo-Salafismus zutage tritt. Die wesentliche Verschiedenheit der beiden Gruppierungen liegt demnach auf der Zeitebene. Während die Mystiker die moderne Paradoxie dadurch bewältigen, dass sie ihr im Rahmen einer Lebenszeit zehrenden Heilskarriere entgegentreten, wollen die neo-salafistischen Djihadisten sich der Paradoxie nicht einfach aussetzen, sondern sie kurzfristig und endgültig bewältigen, indem sie diese beenden. Dass die muslimischen Mystiker einen vergleichsweise pragmatischen Weg der Entparadoxierung gehen, ist – neben diversen biographisch verankerten Motiven – darin begründet, dass sie auf eine reichhaltige Tradition zurückgreifen können, die ihnen zahlreiche Kulturtechniken, Zeremonien, Rituale und Meditationsformen zur Verfügung stellt. Auf dieser Grundlage sind sie dazu in der Lage, die eigene, wellenförmig verlaufende spirituelle Erregung mit dem modernen Alltag und einem konventionellen Lebensverlauf zu synchronisieren. Die neo-salafistischen Djihadisten müssen dagegen schon deshalb auf eine Lebenszeit zehrende Entparadoxierung bzw. Heilskarriere verzichten, weil ihre Dogmatik sie von entsprechenden Traditionen abschneidet und ihr spirituelles Leben – abgesehen vom Märtyrerkult – auf nur eine, unter Muslimen zudem höchst umstrittene Kernpraxis reduziert, nämlich die des *takfīrs*. (*Takfīr* ist die Praxis, den Islam zu „reinigen", indem man sich 1. von muslimischen (Nest-)Beschmutzern abgrenzt, 2. sie zu Apostaten bzw. *kāfir* (Plural: *kuffār*) erklärt und 3. ipso facto zum Tode verurteilt.) Wer diesen eindimensionalen Weg einer „Heilskarriere" einschlägt und bloß immer wieder aufs Neue andere Menschen zu todeswürdigen Abtrünnigen erklärt, erfährt bald, dass seine spirituelle Erregung abflacht, wenn den eignen Worten keine Taten folgen.

Zur Kontextualisierung des Untersuchungsgegenstandes

1

Rauf Ceylan

1.1 Historischer und globaler Kontext: Revitalisierung von Religion im Gewand des muslimischen Fundamentalismus

Die Rückkehr der Religion wird unter Religionssoziologen seit Jahrzehnten kontrovers diskutiert und konträr bewertet. Während die Vertreter der Säkularisierungsthese – auch wenn sie dem Prozess insgesamt keine deterministische Entwicklung prognostizieren – einen Rückgang der Religion feststellen, sehen die Vertreter der Privatisierungsthese nur den Rückgang der organisierten Religion, aber nicht der persönlichen Religiosität. Darüber hinaus wird die sogenannte Revitalisierung der Religion diskutiert, die sich etwa in der zunehmenden Bedeutung immaterieller Werte ausdrückt. Der globale Aufschwung fundamentalistischer Bewegungen wird häufig als Bestätigung für die Revitalisierungsthese verstanden. Zahlreiche empirische Untersuchungen ihrer Praktiken und Handlungen in allen Weltreligionen – im Judentum, Christentum oder im Islam – verleihen dieser Position zunehmendes Gewicht (vgl. Riesebrodt 2004: 357, 359; Armstrong 2007).

Diesen neuen Bewegungen ist gemein, dass sie gewissermaßen der Formel „back to the roots" folgen und danach trachten, die vermeintlich „reine Lehre" wiederherzustellen. Sie bestätigen auch durch ihr offensives Auftreten im Diskursfeld Religion und durch ihre professionelle Kommunikation sowie in ihrer Missionierungstätigkeit die These José Casanovas, dass die Revitalisierung der Religion sich im öffentlichen Diskursen manifestiert, nicht zuletzt in Europa:

> „Obwohl es nicht viele signifikante Hinweise auf irgendeine Art religiöser Wiedererweckung in Europa gibt, ist Religion wieder zu einem umstrittenen Thema in der Öffentlichkeit geworden. Es mag voreilig sein, von einem post-säkularen Europa zu sprechen, doch mit Sicherheit kann man einen bezeichnenden Umschwung im europäischen Zeitgeist wahrnehmen. Als ich vor über zehn Jahren die These von der De-Privatisierung der Religion als einem neuen globalen Trend entwickelte, fand

> sie anfangs nicht viel Resonanz in Europa. Die Privatisierung der Religion wurde schlichtweg für selbstverständlich gehalten, sowohl als normale empirische Tatsache als auch als Norm für europäische Gesellschaften. Das Konzept der modernen öffentlichen Religion war immer noch zu dissonant und religiöse Erweckungen anderenorts konnten schlicht als der Aufstieg des Fundamentalismus in noch-nicht-modernen Gesellschaften erklärt, oder besser: weg-erklärt werden. Doch unlängst gab es überall in Europa einen auffallenden Wandel der Einstellung und der Aufmerksamkeit. Fast jede Woche erfährt man von einer neuen großen Konferenz oder von der Gründung eines neuen Forschungszentrums über „Religion und Politik" oder „interreligiösen Dialog" (Casanova 2009: 23)

Riesebrodt zufolge stellen soziale Krisensituationen einen zentralen Faktor für das Erstarken fundamentalistischer Bewegungen dar (vgl. 2001: 79). Weil Krisen als konstitutives Element der Moderne betrachtet werden müssen und diese gewissermaßen in ihrer Entwicklung vorantreiben, kommt der Religion in ihrer Funktion als Kontingenz- und Krisenbewältigung eine wichtige Rolle zu (vgl. Riesebrodt 2007: 243). Anders als etwa die Verfechter der Säkularisierungs- und Privatisierungsthese annehmen, sind weder Religion noch Fundamentalismus Überreste der Vormoderne, sondern Produkte der Moderne selbst. Die Befunde, dass manche Modernisierungsenthusiasten Religion bekämpfen und dass fundamentalistische Bewegungen sich gegen die Moderne wenden, erscheinen vor diesem Hintergrund als Paradoxien.

> „Es handelt sich [beim Fundamentalismus] um einen antimodernen Protest auf dem Boden der Moderne. Dies ist gegen das Missverständnis gerichtet, der Fundamentalismus sei eine traditionale Erscheinung. Mit einer in sich ruhenden, seiner selbst sicheren, integralen Traditionalität hat der Fundamentalismus – bei aller Beschwörung der Tradition – wenig zu tun. Der moderne Fundamentalismus reagiert auf zentralen Komponenten von Modernität im strukturellen und kulturellen Bereich wie in den sozialen Beziehungen. In struktureller Hinsicht reagiert er auf die Ausdifferenzierung und Verselbstständigung der unterschiedlichen Funktionsbereiche: die Ablösung der Politik, der Wissenschaft, der Wirtschaft bis hin zum modernen Familienleben von der Religion. Er bezieht Protestmotive aus der Provokation, die diese Entwicklung für die Lage des ‚Heiligen' und seine Ansprüche haben muss: seine Begrenzung, Beschränkung, ja Marginalisierung gegenüber den dominanten Funktionssystemen von Wirtschaft und Politik. Der Fundamentalismus reagiert auf die Verlängerung der Handlungsketten und das Vordringen anonymer Handlungssteuerung durch weltweit operierende Großorganisationen. Überall dort, wo Bevölkerungsgruppen sprunghaft in das moderne Bewusstsein hineingerissen werden, findet die fundamentalistische Beschwörung notwendiger, unverrückbarer Fundamente verständliche Nahrung (Gabriel 2013: 225).

Das Paradoxe des vermeintlich anti-modernistischen Gegenentwurfes ist auch, dass die ihm folgenden Bewegungen auf „modernste Mittel der Massenmobilisierung" sowie auf andere pragmatische Mittel zurückgreifen (vgl. ebd.: 225f.). Obwohl die globalen fundamentalistischen Bewegungen sich sowohl durch interkonfessionelle Differenzen (Judentum, Christentum, Islam usw.) als auch durch intrakonfessionelle Zerwürfnisse auszeichnen, haben sie allesamt eins gemein: Sie bedienen sich moderner Mittel. Ein zentrales Merkmal ihrer religiösen Ideologie ist beispielsweise die „Gesellschaftskritik". Als ureigenes modernes Verfahren zielt diese darauf, Krisen zu diagnostizieren, ihre Ursachen darzulegen und eine künftige gerechte Sozialordnung zu entwerfen (vgl. Riesebrodt 2001: 52f.).

Nach Riesebrodts Auffassung kann man diese Bewegungen trotz ihrer Unterschiede in einen legalistisch-literalistischen und in einen charismatischen Fundamentalismus einteilen. Der legalistisch-literalistische Fundamentalismus zeichne sich dadurch aus, dass er von einer vermeintlich wortwörtlichen Auslegung der heiligen Quellen ausgeht. Beim charismatischen Fundamentalismus werde zwar auch Wert auf die buchstabengetreue Befolgung der religiösen Texte gelegt, doch zugleich ist diese Strömung auf einem religiösen Führer fixiert (vgl. ebd.: 54). Beide Fundamentalismen können anhand folgender Eigenschaften auf einen gemeinsamen Nenner gebracht werden:

- „Idealisierung patriarchalischer Unterordnung als gottgewollte Norm" (insbesondere zeige sich diese Ideologie durch die Sozial- und Sexualmoral, aber auch durch die autoritäre Organisationsform),
- weltablehnende Haltung, die sich durch räumliche oder symbolische Abgrenzung von der Gesellschaft als Kommune oder Kulturmilieu organisiert,
- identitätsstiftende Funktion im Kulturmilieu,
- Anspruch auf Wiederherstellung des authentischen Glaubens,
- Abgrenzung gegenüber anderen religiösen Gruppen (auch innerhalb der eigenen Konfession)" (ebd.: 54ff).

Wirkungsgeschichtlich stellt der Fundamentalismus also ein Produkt der Moderne dar, allerdings kann man mit Blick auf den Islam konstatieren, dass die Wurzeln dieser Bewegung bis in die frühislamische Zeit zurückverfolgt werden können und im Laufe der Historie immer wieder einzelne Gelehrte und Gruppen eine radikale bis extremistische Ideologie verfolgt haben. In der Regel handelt es sich dabei zwar nicht um systematisch ausgearbeitete religiös-politische Konzeptionen, aber andererseits liefern diese historischen Ansätze eine Legitimation für spätere fundamentalistische Bewegungen sowie für die Aus- um Umarbeitung in neue Konzeptionen. Als erste extremistische Strömung sind hierbei die Charidschiten (arab. *ḫawāriǧ*)[4] identifizierbar, die in der frühislamischen Gemeinde mit dem Konzept des *takfīr* und der Legitimation von Gewaltanwendung als gewalttätige Gruppe Bekanntheit erlangt haben. Auf der Grundlage des selbst angemaßten Rechts, andere Muslime als *kuffār*[5] zu stigmatisieren, tötet diese Gruppierung zum ersten Mal in der islamischen Geschichte gezielt Glaubensbrüder. Die Charidschiten halten sich, wie Marshall G.S. Hodgson in seiner Studie zur Islamische Historie sagt, für die einzig wahren Muslime und Vertreter der sozialen Gerechtigkeit. Wer sich nicht an die strenge Lehre der Charidschiten hielt, gilt als Kriegsgegner (1977: 216). Eine weitere Grundlage ihres Wirkens bildet der sehnliche Wunsch nach dem Tod durch die „Lanze aus der Hand eines Ungläubigen", um als Märtyrer diese Welt zu verlassen. Ob allerdings dieser Wunsch die historische Basis für die gegenwärtigen Selbstmordattentate bildet, ist in der Forschung umstritten. Vielmehr ist davon auszugehen, dass das heutige Selbstmordattentat aufgrund seiner Form und seines Ausmaßes und auch aufgrund seiner Einbettung in antimodernistische Strategien ein neues Phänomen darstellt, auch wenn der Wunsch nach dem Märtyrertod bereits ein zentrales Element der Charidschiten darstellt (vgl. Graitl 2012: 79ff.).

Während diese extremistische Gruppierung in der islamischen Geschichte nur eine sehr marginale Rolle gespielt hat, treten im Laufe der Jahrhunderte aber auch Gelehrte auf, deren Theologie bis heute nachwirkt. Sie dient den extremistischen Rezipienten unserer Tage als ideologisches und spirituelles Fundament. Zu diesen Theologen zählt beispielsweise der Gelehrte Ibn Taymiyya (1263-1328), der das Konzept des Dschihad ausarbeitete. In seinen Abhandlungen befasst er sich ausführlich mit dem Dschihad und verleiht ihm sozusagen die theologische Würde und den Status einer zusätzlichen bzw. sechsten Säule des Islam. Damit werden kriegerische Auseinandersetzungen zu den Glaubensgrundlagen des Islam und die Teilnahme am Krieg zur Pflicht aller Muslime erklärt. Die hat fatale Folgen für unsere Zeit. Biografisch ist dieser Fanatismus mit den traumatischen Erfahrungen Ibn Taymiyyas zu erklären, der selbst den Mongolensturm und den Niedergang des Kalifats im 13. Jahrhundert erlebt. Er sah die Ursachen der Niederlage in der Dekadenz der Muslime sowie bei den Mystikern des Islam. Wie Reza Aslan darlegt, kann man Ahmad Ibn Taymiyya (1263-1328) selbst zwar nicht als Charidschiten bezeichnen, allerdings sind doch Parallelen zur Lehre dieser historischen Bewegung zu erkennen:

---

4 Die gegenwärtige IS-Bewegung wird aufgrund der Analogien zu dem Gedankengut dieser frühen fundamentalistischen Bewegung auch daher als „Neo-Charidschiten" bezeichnet.

5 Der Begriff *kuffār* wird oft unterschiedlich übersetzt. Entweder als Nicht-Muslime, die Wahrheitverdeckenden oder Ungläubige.

„Ibn Taymiyyah was certainly not Kharijite, but he agreed that it was the obligation of every Muslim to ensure the purity of the community by purging it of all innovation (*bida'*) and heresy. He also drew inspiration from the Kharijites in proposing a strict geographical division of the world into realms of belief (dar al-Islam) and unbelief (dar al-kufr), with the former in constant pursuit of the latter. But although he lived on the Anatolian front)ier, where Christians and Muslims forces continued to clash with one another long after the Crusades had ceased, ibn Taymiyyah focused his attention strictly on the enemy living inside dar al-Islam – that is, on his fellow Mulsims who did not adequatly follow islamic law; on those he considered ‚heretics,' such as the Shi'a, whom ibn Taymiyyah despised; and most especially on the Mongol invaders, who despite claiming to be Muslims were, in ibn Taymiyyah's view, apostates against whom it was incumbent upon all Muslims to declare jihad (Aslan 2010: 112)".

Zu seiner Zeit verfasst Ibn Taymiyya eine Fatwa gegen die neuen Mongolenherrscher, die er, obschon diese sich selbst als Muslime verstanden, zu Abtrünnigen erklärt, um sodann zum gewaltsamen Widerstand gegen ihre Herrschaft aufzurufen. Diese Fatwa hat bis in die Gegenwart eine große Bedeutung und wird von aktuellen extremistischen Gruppen als ideologische Grundlage dafür genutzt, andere Muslime zu bekämpfen (vgl. Berger 2011: 108). Viele extremistische Führer im 20. Jahrhundert wie Abdullah Azzam oder Usama Bin Laden haben sich in ihren Reden und Predigten auf die Fatwa von Ibn Taymiyya berufen (vgl. Ingram 2016: 139ff.).

Das Erbe Ibn Taymiyyas wird vor allem durch Muḥammad b. ʿAbd al-Wahhāb (1703-1792) aufgegriffen und weitergetragen. ʿAbd al-Wahhāb sieht die Volksreligiosität der Muslime auf der arabischen Halbinsel durch synkretistische Praktiken verunreinigt, die der islamischen Lehre widersprechen. Überzeugt von seiner Rolle als Reformator, schließt er einen Pakt mit dem Stammesführer Muhammad Ibn Saud (1710-1765) – dessen Nachfahren das heutige Saudi-Arabien regieren – und geht gewaltsam gegen sunnitische wie schiitische Gläubige vor (vgl. Eijk 2010: 141f.). Darüber hinaus stellt ʿAbd al-Wahhāb die Herrschaft der Osmanischen Herrschaft in Frage, ohne diese explizit zu erwähnen. Insbesondere vertritt er die Auffassung, dass in der frühislamischen Zeit Titel wie Sultan oder Padischah nicht existierten, so dass die Osmanen, deren Herrschaft u. a. auf diese Herrschaftstitel rekurrierte, indirekt die Legitimation abgesprochen wird (Masters 2013: 123f.). Das revolutionäre Potenzial gegen die Osmanische Herrschaft soll später in Form der arabischen Revolte im Ersten Weltkrieg entzündet werden (Rogan 2015: 275ff.) Wie Jonathan Laurence aufzeigt, gilt der Wahhabismus seither als wichtiges Gegenkonzept zum Osmanische Reich und aller Versuche noch heute daran anzuknüpfen (Laurence 2016).

Aufgrund des Paktes mit dem Stamm Ibn Saʿūd und der späteren Machtübernahme dieser Familie auf der arabischen Halbinsel werden ʿAbd al-Wahhāb Gedanken zur Staatsdoktrin der saudisch-theokratischen Monarchie. Mit der Gründung der

Universität in Medina in 1961 wurde die Internationalisierung dieser wahhabitischen Theologie im 20. Jahrhundert forciert. Viele junge Männer aus aller Welt sehen im Studium in Medina seither nicht nur das Ziel, einen authentischen Islam zu studieren, sondern auch die Möglichkeit, in der zweiten Heimat des Propheten Muḥammad – dessen Grab sich auch in der Prophetenmoschee befindet – für eine Zeit zu leben und evtl. auch längerfristig zu bleiben. Viele dieser jungen Menschen – die vorher keine fundamentalistischen Gedanken vertraten – werden in dieser „akademischen Maschinerie" und durch das dort vorherrschende soziale Klima „wahhabitisiert". Sie gelten als wichtige Träger der wahhabitischen Lehre im Ausland. Ein zweiter Kanal zur Missionierung der wahhabitischen Ideologie wird mit Hilfe von Petro-Dollars eröffnet, insbesondere dadurch, dass Saudis sich in vielen Ländern der Welt in Gestalt von Material, Personen und Geldmitteln engagieren (vgl. Commins 2006: 126f.; Curtis 2010: 572; Commins 2015: 161ff.; Farquhar 2016).

Fasst man die Essenz dieser historischen Übersicht zusammen, so kann man für die Entwicklung des Islam bis ins 19. Jahrhundert festhalten, dass sich folgende theologisch-konzeptionelle Anknüpfungspunkte für extremistische Haltungen ergeben:

- *Exklusivität*
- *Wortwörtliche Auslegung und anti-metaphorisch:*
- *takfīr, murtad*: Das Recht, andere Muslime als *kuffār* zu bezeichnen und Glaubensabtrünnige zu töten
- *bid'a und Anti-Traditonalismus*: Alle theologischen Weiterentwicklungen, traditionale und kulturelle Elemente im Islam als *bid'a* ablehnen und nur die „reine Lehre" der frühislamischen Gemeinde (die ersten drei Generation seit der Verkündung des Islam) akzeptieren.
- *dschihad*: Umdeutung des Rechts auf Gewalt gegen die *kuffār* zur religiösen Pflicht.

Wie Benjamin Jockisch zu recht konstatiert, taucht der Begriff *salafiyya* im vormodernen Islam – trotz der extremistischen Positionen einiger historischer Gelehrter – überhaupt nicht auf. Erst zu Beginn des 20. Jahrhunderts als muslimische Denker wie Ǧamāl ad-Dīn al-Afghāni, Muḥammad ʿAbduh und Rašīd Riḍā sich auf die *as-salaf aṣ-ṣāliḥ* (die frommen Altvorderen) berufen, um der Herausforderung der Kolonialisierung durch ein authentisches Verständnis des Islam gerecht zu werden, findet der Begriff zunehmend Eingang in die islamischen Debatten (Jokisch 2014: 16). Die im 18. Jahrhundert einsetzende Kolonialisierung der islamischen Welt durch die europäischen Mächte hatte dazu geführt, dass die Übermacht des Westens auf dem Gebiet des Militärwesens und der Wirtschaft unter den Muslimen zu Ratlosigkeit führte. Die oben genannten Denker suchen in dieser Situation die

Gründe für das Problem der militärischen und politischen Unterlegenheit und letztlich auch den Ausweg aus dieser Situation in der Vergangenheit bzw. in der Rückbesinnung auf die islamische Geschichte.

Dies ist die Geburtsstunde der modernistischen bzw. reformistische Salafiyya, welche die Kompatibilität zwischen dem Islam und der Moderne zu belegen versuchen und der Vernunft bei der Interpretation des Koran einen zentralen Stellenwert einräumen. Vor dem Hintergrund der Tatsache, dass westlichen Autoren damals der Religion die Schuld an der Rückständigkeit der islamischen Welt zugeschreiben, setzt sich die modernistische Salafiyya ausgiebig mit deren Argumentation auseinander und versucht, das Gegenteil zu beweisen (vgl. Murtaza 2016: 57ff.).

Im 20. Jahrhundert entstehen parallel zu der reformistischen Salafiyya politisch-islamische Gruppierungen, die sich ebenfalls auf die *as-salaf aṣ-ṣāliḥ* beziehen ohne sich als *salafī* zu bezeichnen. Wie im Falle der reformistischen Salafiyya, ist insbesondere Ägypten das Geburtsland dieser Strömung. Hier agieren insbesondere jene, die versuchen ein politisches Programm für einen „Islamischen Staat" zu konzipieren. Eine Ursache für das Aufkommen dieser Bewegungen ist u. a. die Enttäuschung darüber, dass es die arabischen Nationalstaaten im Rahmen des Pan-Arabismus nicht geschafft haben, viele innen- und außenpolitische Probleme zu lösen. Vor allem die Bewegung um den Muslimbruder Sayyid Qutb (1906-1966), der mit seinem Buch „Milestones" (vgl. Qutb 2005) die Politisierung vorantreibt, macht in jener Zeit eine gewisse Radikalisierung und zugleich Internationalisierung durch.

Sayyid Abul Ala Maududi (1903-1979) aus Pakistan ist ein weiteres Beispiel für diese Strömung, die in ihren Schriften die Errichtung eines islamischen Staates propagiert. Maududi versucht dieses Ziel zu erreichen, indem er koranische Schlüsselbegriffe politisch umdeutet. Seine Methodik ist eine etymologische Untersuchung und Freilegung der angeblich ursprünglich-reinen, historischen Bedeutung vieler koranischer Begriffe des 7. Jahrhunderts auf der arabischen Halbinsel. Diese seien im Laufe der Jahrhunderte verfälscht worden und müssten wiederentdeckt werden. Eine Folge der vermeintlichen Wiederentdeckung der wahren Bedeutung dieser Begriffe ist, dass der ganze Koran nun mit einer politischen Brille gelesen werden kann und auf diese Weise die ideologische Legitimation für viele politisch-extremistische Bewegungen liefert (Mevdudi 1995).

Während der Wahhabismus in Saudi-Arabien den Fundamentalismus fördert, will er zugleich die Loyalität zum Königreich gewährleisten. Daher hat er kein Interesse an politisch-intellektuellen bzw. subversiven Ideologien. Allerdings trägt Saudi-Arabien mit der Förderung des Dschihadismus im Afghanistan-Krieg selbst dazu bei, dass der pure Wahhabismus sich in einen Dschihadismus umwandelt. Viele namhafte Extremisten wie Abdullah Azzam, Usama Bin Laden oder Aiman Al-Zawahiri avancieren denn auch im Rahmen des Afghanistankrieges zu geistigen

Vätern eines neuen Dschihadismus. In den 1990er Jahren erlebt dieser Dschihadismus durch neue Konfliktherde wie in Bosnien-Herzegowina, Tschtschenien oder Algerien (die Zerschlagung der FIS) einen Aufschwung (vgl. Gemein/Redmer 2005: 90ff.). Und während man in den 1980er Jahren noch die Sowjetische Invasion bekämpft, richtet sich der Hass ab den 1990er Jahren nicht mehr nur gegen die USA, sondern auch gegen das saudische Königshaus. Der 11. September, die zahlreichen Anschläge der Al-Qaida und die Entstehung des IS – die ursprünglich allesamt durch die wahhabitischen Ideologie inspiriert worden sind – zeugen hiervon. Von nun an hat man es mit dem Problem zu tun, den politischen und dschihadistischen Zweig des Fundamentalismus gleichzeitig bekämpfen zu müssen.

Auch der ab 2011 begonnene „Arabische Frühling" mündet – mit der Ausnahme Tunesiens, wo der Prozess begann – in einer großen Enttäuschung. In Ägypten werden die Muslimbrüder durch einen Militärputsch gestürzt, die führende Köpfe der Bewegung inhaftiert und zum Tode verurteilt. Dadurch wird die Marginalisierung und Radikalisierung der Bewegung forciert. Noch weitaus dramatischere Zustände entwickeln sich in Libyen, Irak und in Syrien. In allen drei Ländern haben die Vertreibung der alten Diktaturen bzw. der Aufstand gegen das Assad-Regime nicht zu einer einheitlichen Bewegung geführt, sondern eine Aufspaltung in diverse Gruppierungen bewirkt. Ohne Zweifel stellen die Entstehung des IS, seine rasante Verbreitung im Irak, Syrien und in Libyen sowie seine extremistische Ideologie und seine brutalen Methoden eine Zäsur dar. Nicht nur in der Region, sondern auch im internationalen Kontext kann die Bewegung innerhalb weniger Jahre große Erfolge durch Gebietseroberungen, durch seine globale Propaganda und durch die Gewinnung zahlreicher Anhänger erzielen (vgl. Alexander/Alexander 2015). Im Zuge dessen wird das historisch-kollektive Gedächtnis in Bezug auf alte ethnische und konfessionelle Konfliktlinien reaktiviert. Vor allem der alte Konfessionskonflikt zwischen Sunniten und Schiiten ist aktualisiert worden. Während der Iran und die Hisbollah lange Zeit – auch aufgrund des Widerstandes gegen Israel – weitgehend Sympathien in vielen islamisch geprägten Ländern genossen haben, verspielen sie diese nun mit der militärischen Unterstützung Assads (Worrall/Mabon/Clubb 2016: 139ff.).

Insgesamt ist in der Region des Nahen Ostens und in Nordafrika eine Konfliktkonstellation entstanden, die zur Entstehung des neuen Phänomens eines „Neo-Fundamentalismus" beigetragen hat. Olivier Roy erkennt in diesem Phänomen eine „entwurzelte Religion", da ihre Anhänger eine „Religion ohne Theologie" und daher auch ohne Tradition und Kultur fordern. Roy sieht die Entkoppelung von Religion und Kultur als ein Produkt der um sich greifenden Säkularisierung (vgl. Roy 2010). Zunehmend tauchen nun Gruppierungen auf, die sich explizit zum Salafismus bekennen und den Begriff somit zu einem Oberbegriff für diese

„Neo-Fundamentalismen" machen. Wie auch die reformistischen Salafiyya, beziehen sie sich in ihrer Ideologie auf die frommen Altvorderen sowie auf frühere Gelehrte und Strömungen. So ist eine neue anti-modernistische, heterogene Bewegung entstanden, die das Ziel verfolgt, eine rücksichtslose wirtschaftliche, politische, soziale und kulturelle Umgestaltung zu bewerkstelligen. Was dies bedeutet, kann gegenwärtig in den vom IS besetzten Gebieten beobachtet werden. Für diese neue, sich explizit auf den Salafismus beziehenden Bewegung ist charakteristisch, dass sie zwar ihre Ideen aus der islamischen Historie gewinnt und legitimiert, diese Ideen aber zugleich ideologisch und methodisch erweitert und gewissen Modifikationen unterzieht (Ceylan/Kiefer 2013: 78). Aufgrund der Selektivität der Rezeption historisch-theologischer Quellen, der Transformation und der neuen Kontextualisierung, kann man nun nicht einfach von einer Imitierung bzw. Weiterführung überlieferter Lehren sprechen. Man muss vielmehr von einem tiefgreifenden Einschnitt ausgehen.

> „Die Bezüge zu den Konzepten früherer Gelehrter sind, soweit erkennbar, eher punktuell, und oftmals erfahren die Konzepte eine grundlegend neue Deutung in den Kontexten der Moderne. Zweifellos bildet die Tradition allgemeiner Topos (sic!) ein starkes gemeinsames Element, da sie nicht nur für den modernen Salafismus, sondern auch für nahezu alle Bewegungen und Strömungen des vormodernen Islam zentral ist. Dies darf allerdings nicht darüber hinwegtäuschen, dass Tradition in ihrer Substanz und je nach hermeneutischer Herangehensweise in hohem Maße variabel ist. Weiterhin wird deutlich, dass Salafisten zwar aus einem weiten Spektrum an islamischen Konzepten der Vormoderne schöpfen, doch verbinden sich die verschiedenen, spezifischen Einzelkonzepte zu einer Gesamtkonzeption, die als solcher keiner vormodernen Bewegung oder Gruppierung zugeordnet werden kann. Insgesamt scheint mehr Übereinstimmungen mit jenen Konzepten zu geben, die auf marginalisierte und von den Salafisten selbst verworfene Randgruppen wie die Ḫāriǧiten zurückzugehen. Eine konkrete vormoderne Bewegung, aus der sich der moderne Salafismus unmittelbar rekrutiert, ist nicht zu erkennen. Vielmehr bildet der moderne Salafismus ein neuartiges Phänomen, das – so die Hypothese – nicht nur in historischer Perspektive, sondern auch und vor allem im Hinblick auf die aktuellen Bedingungn (sic!) einer globalisierten Welt zu analysieren ist" (Jockisch 2014: 33f.).

1.2 Neo-Salafismus als eine neue Jugendbewegung in Deutschland

Der Neo-Salafismus ist nicht zuletzt eine Jugendbewegung zu charakterisieren, die nicht nur in islamisch geprägten Ländern in Erscheinung getreten ist, sondern ebenso in den westlichen Einwanderungsländern mit einer muslimischen Minderheit. Im deutschen Kontext ist der Neo-Salafismus insofern kein neuartiges Phänomen, als ihm in den 1980er Jahren schon andere Ausprägungen des islamischen Fundamentalismus, wie etwa die Kaplan-Bewegung, vorausgegangen sind (Schiffauer 2000). Zudem sind seit den 1990er infolge politischer Migration zahlreiche Akteure der oben skizzierten politisch-islamistischen Bewegungen, so z. B. die aus arabischen Staaten stammende Hizbu-Tahrir, in Deutschland vertreten. Neben England und Frankreich bildet das Aufnahmeland Deutschland für diese Akteure die Möglichkeit der politischen Agitation (Rohe 2010: 171ff.). Während diese Bewegungen sich aber – trotz des islamisch-universellen Anspruchs – eher auf die Politik der Herkunftsländer beziehen, zeichnet die neo-salafistische Bewegung sich durch andere Merkmale aus:

Ihr Diskurs rekurriert sowohl auf internationaler Entwicklungen (Syrien-Krieg, Israel usw.) als auch auf den Kontext des Aufenthaltslandes. Merkmale dieses Diskurses sind negative Abgrenzungen und die Anwendung einer gezielten Oppositions- und Eskalationsstrategie, was sich hierzulande u. a. in öffentlichen Auftritten und Demonstrationen der letzten Jahre offenbart hat.

Die Altersstruktur der Neo-Salafisten ist deutlich jünger, als die der Islamisten der 1980er und 1990er Jahre. Wir sprechen hier von einer Gruppe, die sich aus 15- bis unter 30-jährigen Personen zusammensetzt. Lange Zeit war sie eher männlich geprägt, allerdings findet der Neo-Salafismus zunehmend Resonanz unter jungen Frauen.

Ein weiteres Merkmal stellt die Laienkultur in dieser Bewegung dar. Lange Zeit diente die Universität in Medina als attraktive Möglichkeit, ein Studium nach wahhabitischen Lehrplänen zu absolvieren. Gegenwärtig haben sich aber zahlreiche semi-professionelle Vereine etabliert, in denen Prediger junge Menschen indoktrinieren und in denen zudem viele Autodidakten agieren.

Der Neo-Salafismus weist auch hierzulande alle Merkmale eines legalistisch-literalistischen sowie charismatischen Fundamentalismus auf. Seine Anhänger verstehen die heiligen Quellen demnach nur im vermeintlich wortwörtlichen Sinn ohne den historischen Kontext sowie metaphorische Deutungen zuzulassen. Zentral sind die charismatischen „Self-Made"-Prediger, die sich meist aus Laien rekrutieren. Zahlreiche Eigenschaften wie ihre Deutschsprachigkeit, die Verwendung einer Jugendsprache, ihr theatralisches Auftreten, ihre Street-credibility, geschickte Inszenierungen und die Vereinfachung ihrer Lehre usw. machen sie für junge Menschen attraktiv.

Desweiteren verweisen diese Gruppen auf dieselben Gefahren und Mechanismen, die allen Sekten eigen sind: So integrieren sie ihre Anhänger so stark in das Innenleben des neuen Milieus, dass die alten Netzwerke sukzessiv aufgegeben werden. Damit wird nicht nur die Radikalisierung forciert, sondern auch der Ausstieg erschwert.

Der Neo-Salafismus als Sammelbegriff lässt sich in unterschiedliche Typen einteilen. Die puristisch orientierten Salafis streben die „Verbesserung" der Gesellschaft durch die *da'wa* (Einladung zum Islam), durch die *taṣfiyya* (Reinigung) und der *tarbiyya* (religiösen Bildung) an. Die politischen Salafis dagegen lehnen eine Passivität ab und möchten die Gesellschaft durch aktives Missionieren umgestalten. Daher sind sie im Diskursfeld des Islam häufiger präsent und erreichen auch eine höhere Aufmerksamkeit. Eine dritte Gruppierung setzt sich aus dschihadistischen Salafis zusammen. Diese betrachten nicht nur die Gewalt als legitimes Mittel zur Erreichung ihrer politischen Ziele, sondern die Gewaltanwendung als Gottesdienst (vgl. Wiktorowicz 2006: 208ff.). Während die Strategien zur Erreichung der salafistischen Ziele differieren, gibt es aber auch Gemeinsamkeiten, die hier nur stichpunktartig angeführt werden sollen:

- „Sie fühlen sich als Avantgarde, zählen sich zu der *firqa an-nāğiyya* (erretten Gruppe),
- sie haben ein starkes Sendungsbewusstsein,
- sie zeichnen sich durch einen Totalitätsanspruch aus,
- sie praktizieren einen „Pathos der strikten Einwertigkeit",[6]
- ihr Weltbild ist dualistisch geprägt, und alle Ereignisse werden in den Kategorien Tauhid und Schirk (das Gute gegen das Böse) bewertet,
- sie inszenieren ihren Glauben als Überwältigung und Verlangen,
- sie konstituieren sich als Eifererkollektiv, in dem es stets darum geht, den „richtigen Din (Religion, Lebensweise)" zu leben,
- sie legen eine starke Jenseitsorientierung an den Tag (Ausschmückungen des Jüngsten Gerichts, der Verdammnis und der Verlockungen des Paradieses),
- sie rezipieren den Koran wortwörtlich ohne die Möglichkeit einer metaphorischen Auslegung,
- sie weisen eine anti-schiitische, anti-mystische und anti-semitische Orientierung auf,
- sie sind gegen (spekulative) Philosophie im theologischen Kontext gerichtet,
- sie bekämpfen die Bi'da (Erneuerungen in der Religion), sodass traditionelle und kulturelle Einflüsse grundsätzlich kritisch gesehen werden (statisches Religionsverständnis),
- sie richten sich vehement gegen den „Volksislam" und seine Praktiken (wie zum Beispiel Gräberbesuche, Heiligenverehrung usw.)
- sich zum Islam bekennende, jedoch nicht praktizierende Muslime werden (sozial) sanktioniert,
- sie vertreten den theologischen Standpunkt der Todesstrafe bei Apostasie,
- sie vertreten das patriarchalische System und befürworten entsprechend die benachteiligte gesellschaftliche Stellung der Frau,
- sie treten für die Vollverschleierung der Frau (Gesichtsschleier, Burka) sowie Geschlechter-Segregation in der Öffentlichkeit ein,

6 Die Bezeichnung geht auf den Philosophen Peter Sloterdijk zurück (vgl. Sloterdijk 2007: 157)

- sie zeigen in ihrer Ideologie, dass die Grenzen zwischen normativer, kultureller und individueller Sunna des Propheten fließend sind, sodass unter anderem äußere Merkmale wie Vollbart oder Tracht als ein Indikator für Frömmigkeit fungieren beziehungsweise als religiöse Pflicht gesehen werden und den gesamten Lebensstil prägen,
- sie zeigen in ihrem Verhalten, dass die „Wir-Konstruktion" in negativer Abgrenzung zu den „Anderen" erfolgt, wobei die äußerlichen Merkmale auch bewusst als Abgrenzungsmittel genutzt werden,
- sie richten sich gegen die Moderne und ihre Folgen (Säkularisierung, Individualisierung usw.),
- sie lehnen demokratische Systeme ab, weil mit ihnen die Volksherrschaft nach „menschlichen Gesetzen" über die Gottesherrschaft gestellt würde (oder sie betrachten Parteipolitik nur als Mittel zum Zweck, ohne demokratische Grundwerte anzuerkennen),
- sie lehnen den interreligiösen Dialog ab,
- sie verwerfen den Gedanken von Nationalstaaten und proklamieren die transnationale Gemeinschaft (Umma),
- sie postulieren eine „scharia-konforme" Gesellschaft mit einem Kalifen als geistigem und politischem Führer,
- sie akzeptieren das Leben in nichtmuslimischen Gesellschaften nur unter der Bedingung der Da'wa oder einer temporären Migration aufgrund von Lebensgefahr im Herkunftsland, ansonsten bestehe keine theologische Legitimation für einen dauerhaften auswärtigen Aufenthalt,
- sie verlautbaren, dass der Gedanke der Hidschra – nach dem Vorbild der Auswanderung der Muslime nach Medina – als Option sehr präsent und realistisch ist (falls ein idealer islamischer Staat irgendwo auf dem Globus errichtet werden sollte, bestehe die Pflicht zur Auswanderung dorthin)" (Ceylan/Kiefer 2013: 91f.).

Alle drei Typen des Neo-Salafismus sind in Deutschland vertreten. Die Zahl der Neo-Salafisten wird schätzungsweise mit mittlerweile über 7000 angegeben, wobei jedes Jahr durch die Sicherheitsbehörden eine Zunahme festgestellt wird. Laut Verfassungsschutzbericht handelt es sich sogar um die dynamischste extremistische Gruppe überhaupt. Insbesondere die dschihadistische Strömung hat in den letzten Jahren eine größere Aufmerksamkeit erlangt. Denn durch die zahlreichen Syrien-Reisenden, die sich dem dschihadistischen IS angeschlossen haben, hat die von dieser Strömung ausgehende Gefahr eine neue Dimension erreicht. Zum einen wurde in deutschsprachigen Propaganda-Videos gezielt Deutschland als Feind des IS und als Anschlagsziel genannt. Zweitens kehren kampferprobte junge Menschen nach Deutschland zurück und stellen eine potenzielle Gefahr dar. Drittens haben in den letzten Jahren auch hiesige muslimische Jugendliche versucht, Anschläge zu verüben. Als Beispiel kann die sogenannte „Sauerland-Gruppe" genannt werden. Eine Gruppe von jungen Männern, deren Sprengstoffanschlagsplan von der BKA verhindert werden konnte. Mit diesem Ereignis wurde deutlich, dass die globale

Gefahr eines dschihadistischen Anschlags Deutschland erreicht hatte. In den Jahren darauf folgten nicht nur weitere vereitelte, sondern auch gelungene Anschläge, wie uns etwa der Anschlag jener neo-salafistische Gruppe vor Augen führt, deren Internet- bzw. WhatsApp-Kommunikation Gegenstand dieser Untersuchung ist. Als Grundlage für unsere Untersuchung dienen Chat-Protokolle, die einen bislang einmaligen Einblick in die Binnenperspektive einer dschihadistischen Zelle bieten. Es handelt sich um eine ethnisch-heterogen zusammengesetzte Gruppe Jugendlicher, die zwischen 16 und 20 Jahre alt sind und ihre schulische Laufbahn bzw. berufliche Integration noch nicht abgeschlossen haben. In den Protokollen beklagen einige Gruppenmitglieder ihre Abhängigkeit vom Elternhaus und die Beschneidung ihrer Handlungspläne durch elterliche Sanktionen. Auch der Wunsch nach Unabhängigkeit und das Bedürfnis nach Selbstdarstellung machen die Einbettung in den Kontext der Primärsozialisation deutlich. Vor diesem Hintergrund wird offenbar, dass die Prozesse der individuellen (von der Familie) und religiösen Emanzipation (von der Tradition) parallel verlaufen. Indem sie sich als „Erwachsene" fühlen und sich religiös als die Auserwählten betrachten, betreiben die Gruppenmitglieder, bei allem was sie sonst noch intendieren mögen, immer auch die Aufwertung der eigenen Gruppe. Michael Kiefer bringt es mit dem Begriff der „Selbsterhöhung" auf den Punkt:

> „An erster Stelle können hier eine Reihe von psychosozialen Effekten angeführt werden. Die krude Ideologie des IS ermöglicht ihren Anhängern zunächst den Akt der Selbsterhöhung. Möglich wird dieser auf der Grundlage einer dichotomen Weltsicht, die ausschließlich zwischen ‚Gläubigen' und ‚Ungläubigen' zu unterscheiden vermag. Selbstredend steht der ‚Gläubige' auf der ultimativ richtigen Seite und damit über all jenen, die nicht der Ideologie des IS zu folgen vermögen. Verbunden hiermit ist oftmals der Akt einer umfassenden Selbstermächtigung. In ‚göttlicher' Mission kämpfend, kennen Kombattanten des IS keine Grenzen. Selbst kaum beschreibbare Gewaltexzesse wie Massenhinrichtungen von Kriegsgefangenen und Gräuel an der Zivilbevölkerung scheinen statthaft. Damit entwickeln die Kriege in Syrien und Irak auch eine Sogwirkung auf jene zwielichtigen Gestalten, die ihre mitunter pathogenen Gewaltphantasien ausleben möchten." (Kiefer 2015: 16).

Wie noch in der empirischen Analyse zu zeigen ist, ist zunächst festzuhalten, dass die religiöse Bildung in dieser Gruppe sehr gering ausfällt. Einfachste islamisch-theologische Grundlagen sind oft nicht bekannt. Die Mitglieder der Gruppe sind Laien und Autodidakten, die Informationen überwiegend aus dem Internet selektieren und in der Gruppe kommunizieren. Die Themen Endzeit, Hijra, Kampf, soziale Ungerechtigkeit und Dekadenz spielen eine besondere Rolle. Im Laufe der Chatprotokolle erkennt man, wie eine religiöse Welt konstruiert wird, in der auch Geisterwesen, wie die Djinn, eine reale Auswirkung auf die jungen Menschen ausüben können. Wichtig ist den Mitgliedern die Abgrenzung vom „falschen Islam" und das das ostentative Bedauern der nur geringen Zahl „richtiger" Muslime. Auf diesem Wege festigen sie das Gefühl, zu den Auserwählten zu zählen. Charakteristisch ist auch der inkonsistente Sprachgebrauch, der sich zwischen Jungendjargon (Fuck usw.) und der inflationären Nutzung religiöser Floskeln bewegt. Insgesamt ist in diesen religiösen Gesprächen zu beobachten, dass eine sehr starke – unkritische und nicht-kontextualisierte – Hadithgläubigkeit vorherrscht. Dabei ist das Gedankengebäude als sehr banal zu bezeichnen. Die Gruppe entwickelt im Laufe der Zeit zwar eine Eigendynamik, allerdings wird diese von einem „Emir", einem Anführer, als der einzigen Autorität, immer wieder kanalisiert. Der Emir legitimiert seine Stellung in der Gruppe, indem er sich als Jemand inszeniert, der darum bemüht ist, eine gewisse „Seriosität" zu etablieren. Die kleine Zahl der Zellenmitglieder erlaubt es ihnen, sich mit der Zeit eng zusammenzuschließen, was diese nicht zuletzt durch das Tragen sunna-konformer Kleidung zum Ausdruck bringen möchten. Insgesamt wird deutlich, dass die Zelle alle typischen Merkmale einer dschihadistischen Gruppe aufweist.

Die interessante Frage ist in diesem Zusammenhang aber, wie die Mechanismen der gruppenbezogenen Radikalisierung im Detail funktionieren. Die Analyse der Chatprotokolle bietet nun die Möglichkeit, diese Frage zu beantworten. Die Analysen rekonstruieren und beleuchten denn auch vor allem das Innenleben und die Binnendynamik der Dschihadisten.

„Baqiyya im Lego-Islam“ Anmerkungen zu den Whatsapp-Protokollen der „Ansaar Al Khilafat Al Islamiyya“ aus einer islamwissenschaftlichen Perspektive

2

Bacem Dziri und Michael Kiefer

2.1 Der Debattenkontext

Seit dem Auftauchen des sogenannten „Islamischen Staates“ gibt es in der Wissenschaft aber auch in den Feuilletons der Qualitätsmedien eine mit viel Verve geführte Diskussion zu der Frage, was der Islam mit dem Terror dschihadistischer Gruppen zu tun habe. Die Debatte folgt weitgehend einem bipolaren Muster. Auf der einen Seite wird behauptet der Terror habe sich aus „dem Islam“ heraus entwickelt und folglich sei mehr oder weniger „der Islam“ das eigentliche Problem, denn dieser habe sich in den vergangenen Jahren vielerorts radikalisiert. Auf der anderen Seite wird genau dies bestritten und es wird die These verfochten, die Terroristen würden den Islam für Ihre Zwecke missbrauchen. Die Radikalen, die oft aus kriminellen Milieus stammten[7], instrumentalisierten willkürlich ausgewählte Narrationen aus Koran und Hadith um ihre Machenschaften zu veredeln.

Mit einer sehr prominenten Besetzung wird genau diese Debatte derzeit sehr pointiert in Frankreich geführt. Auf der einen Seite steht der international bekannte und geschätzte Doyen der Orientalistik, der an der Eliteuniversität Sciences-Po lehrende Gilles Kepel. Er vertritt die These, der Islam habe sich seit geraumer Zeit radikalisiert. Die Anschläge, die in Frankreich und Belgien eine lange Blutspur hinterlassen haben, hätten Ihren Ursprung in radikalen muslimischen Milieus. Auf der anderen Seite steht der gleichfalls international bekannte Politikwissenschaftler Olivier Roy. Er vertritt die These einer Islamisierung der Radikalität. Als Beleg

7 Vgl. dazu die erweiterte „Analyse der Radikalisierungshintergründe und -verläufe der Personen, die aus islamistischer Motivation aus Deutschland in Richtung Syrien oder Irak ausgereist sind“ von insgesamt 784 Personen des Bundeskriminalamts, Bundesamts für Verfassungsschutz und des Hessischen Informations- und Kompetenzzentrums gegen Extremismus. Abrufbar unter: https://www.bka.de/SharedDocs/Downloads/DE/Publikationen/Publikationsreihen/Forschungsergebnisse/2016AnalyseRadikalisierungsgruendeSyrienIrakAusreisende.html

verweist Roy auf die Lebensführung der Attentäter. Diese sei gekennzeichnet von Drogenkonsum und Delinquenz. Den Islam habe man erst sehr spät entdeckt und sich in einer kruden und einfältigen Form angeeignet, die nichts mit dem traditionellen Islam gemein habe. Roy nimmt hier Anschluss an seine Überlegungen in seinem Werk „La sainte ignorance. Les temps de la religion sans culture", das bereits im Jahr 2008 erschien. In diesem Band beschreibt Roy eine neue Form des mitunter gewaltsamen Fundamentalismus, der Religion in einer dekulturierten und dekontextualisierten Form als eine Art Mutation inszeniert.

Mit ähnlichen Positionen wird die Debatte seit geraumer Zeit auch in Deutschland geführt. Anders als in Frankreich geht es hier jedoch weniger um rein akademische Fragen als vielmehr um möglichst angemessenen und zielführenden Ansätze in der Radikalisierungsprävention. Im Fokus der Debatte steht hierzulande insbesondere die Frage, welche Menschen Ziel eines präventiven Handelns sein sollen. Bei einigen Präventionsakteuren ist durchaus die Ansicht zu finden, dass Muslime – insbesondere die muslimische Jugend – aufgrund eben dieser Religiosität in einem besonderen Maße anfällig sei für die professionell inszenierten „Dawa"-Strategien[8] salafistischer Kader. Ein hohes Maß an Aufmerksamkeit und Zuspruch erhält hier insbesondere der Psychologe Ahmad Mansour. In seiner Schrift „Generation Allah. Warum wir im Kampf gegen religiösen Extremismus umdenken müssen" behauptet der Autor das Vorhandensein einer ganzen sogenannten „Generation Allah". Es handelt sich hierbei um eine konstruierte Großgruppe, die in einer Art Pyramidenstruktuktur angelegt sei. An der Spitze stehe die allseits bekannten Terrororganisationen IS und Al-Qaida. In der Mitte folge die Muslimbruderschaft, zu denen auch Explizit der türkische Präsident Tayyip Erdogan gezählt wird. An der Basis stehe die „Generation Allah", die eine Basis für den Radikalismus bilde und diese Basis sei nach Auffassung des Berliner Psychologen „breit".[9]

Das grundsätzliche Problem bei dieser populären, aber letztlich wissenschaftlich nicht belastbaren Aussage, ist – wie auch in vielen anderen den Nexus von Islam und Radikalisierung betreffenden Fällen – die fehlende Wissensbasierung. Mansour stützt sich bei seiner These weitgehend auf eigene Beobachtungen und Kolportagen aus den präventiven Handlungsfeldern. Wissenschaftliche Studien aus jüngerer Zeit, die über eine solide Datenbasis verfügen, kann er nicht anführen. Genau dieser missliche Sachverhalt kennzeichnet die gegenwärtige Debatte über Präventionsstrategien in Deutschland und anderen westeuropäischen Staaten. Grundsätzlich gilt nach wie vor, dass die Bedeutung von Religion in Radikalisierungsprozessen

---

8 In diesem Kontext kann der Begriff mit (An-)Werbe-Strategien übersetzt werden.

9 Kiefer, Michael: Phantom „Generation Allah". Unter: https://de.qantara.de/inhalt/islamismusdebatte-nach-den-anschlaegen-von-paris-phantom-generation-allah (02.03.2017).

von jungen Menschen bislang nur am Rande Gegenstand von Forschungsprojekten war. Profunde Kenntnisse liegen nicht vor.[10] Dies liegt sicherlich auch daran, dass es der Forschung bisher nicht möglich war, authentische Zugänge in die Lebenswelten junger Radikaler zu erschließen.

2.2 Die Protokolle und deren Aussagekraft für den Präventionsdiskurs

Aus religions- und islamwissenschaftlicher Perspektive stellt das vollständige Chatprotokoll der „Ansaar Al Khilafat Al Islamiyya" ein Novum und einen „Glücksfall" dar. Erstmalig steht einem interdisziplinären Forschungsteam die interne Kommunikation einer Jugendgruppe zur Verfügung, die authentische und multiple Einblicke in die Lebenswelt von mehreren jungen Menschen ermöglicht, die beschlossen haben einen schweren Anschlag zu begehen. Die Dialoge behandeln banale Dinge – wie das gegenwärtige Wetter, Befürchtungen, Sorgen und Sehnsüchte – nach einer Freundin und Frau werden altersgemäß artikuliert.[11] Es geht aber auch um die Führung der Gruppe, damit verbundene Disziplinierung und konspirative Vorbereitungen, die nur in Andeutungen beschrieben werden. Und es geht schließlich um Religion – präziser um den Islam – der erheblichen Raum in dem Gruppenchat einnimmt. Genau auf diesen Teil beziehen sich die nachfolgenden Ausführungen.

Die Chats bieten der Analyse eine Vielzahl von Äußerungen zum Islam und dem damit verbundenen Religionsverständnis. Dieses ist zu keinem Zeitpunkt statisch vielmehr dynamisch und passt sich den jeweiligen Kommunikationsanlässen kreativ an. Willkürlich ausgewählte Islamische Narrative aus Koran und Sunna – offenkundig zumeist aus dem Internet entnommen – werden mit ideologischen Versatzstücken der IS-Propaganda – gleichfalls aus dem Internet – und mit persönlichen Anliegen scheinbar beliebig kombiniert und anschließend vom „Emir" zu Konsenspositionen der Gruppe erhoben. Der „Islam" – präziser die Imagination desselben – der in den Narrationen der Gruppen kommuniziert wird, erscheint

10 Zum Desiderat theoriegeleiteter und systematischer empirischer Studien vgl. Klaus Hummel, Melanie Kamp, Riem Spielhaus, Herausforderungen der empirischen Forschung zu Salafismus, Bestandsaufnahme und kritische Kommentierung der Datenlage, HSFK-Report Nr. 1/2016, Frankfurt/M. Abrufbar unter; https://www.hsfk.de/publikationen-veranstaltungen/publikation/herausforderungen-der-empirischen-forschung-zu-salafismus/. Insb. S. 5.

11 Dies zeigt auch der Beitrag von Roth und Srowig in diesem Band.

wie das Ergebnis eines kreativen spielerischen Prozesses. „Bunte Steine“ werden immer wieder neu zusammengefügt und ergeben für die Gruppenmitglieder neue Sinnattraktoren, die scheinbar orientierend wirken. Das Ergebnis ist eine Art „Lego-Islam“, der stets neuen Erfordernissen angepasst werden kann und faktisch nichts mit dem Formen des traditionellen Islams gemein hat, der in der Mehrzahl der Moscheegemeinden Deutschlands gelehrt wird.

2.3 Methode

Die Betrachtung des Dokuments, die keineswegs den Anspruch auf Vollständigkeit erhebt, erfolgt aus einer primär islamwissenschaftlichen Perspektive, die punktuell auch theologische Verfahrensweisen mitberücksichtigt. Hervorgehoben werden insbesondere in den Chats vorkommende Begriffe, Narrationen und die damit verbundenen Konnotationen. Die in den Chats enthaltenen Begriffe und Narrationen werden in einer kontrastiven Verfahrensweise fokussiert. Ziel ist es, Differenzen zwischen dem Begriffsverständnis der Gruppe und einem klassischen Interpretationsrahmen sichtbar zu machen. Außerdem soll die Beliebigkeit bei der Zusammensetzung des von den jungen Akteuren errichteten Gedankengebäudes deutlich werden, das sich von einer konsistenten Lehrschule oder im weiteren Sinne stringenten Theologie sehr deutlich unterscheidet. Auf der Grundlage dieser Erkenntnisse soll in Grundzügen das Islamverständnis der Gruppe dargestellt werden. Die Betrachtung der Fragmente erfolgt in chronologischer Form, um die Entwicklung der Diskussionen in wichtigsten Zügen nachzuzeichnen. Anschließend werden einige hervorstechende und im Verlauf des Chats wiederholt aufgegriffene Inhalte in fünf Themencluster untergliedert, die jeweils gesondert betrachtet werden.

2.4 Betrachtung ausgewählter Fragmente

Dokumentation 1
(7-17)
N1[11]: @s.whatsapp.net created the group „□□□□□ □□□□□□□ □□□□□□□□□“
N2: Baqiyya
N2: Aqida test bestanden.
N2: □❤
N1: Lasst das, das erste Wort gehört dem Amir. Barakallahu Fikum, bismillah.
(…)
N1: Die erste große Ansprache.
Name der Jama'a:
Ansaar Al Khilafat Al Islamiyya
Gründung: 27 Rabee' Al ,Awwal 1437 n.H. (8.1.2016), Yawm Al Jumu'a (Freitag)
Amir: (…)

Der erste Thread dokumentiert den Gründungsakt der Whatsapp-Gruppe. Die im Dialog verwendeten Begriffe verweisen offenkundig auf die gegenwärtige Propagandaterminologie des IS. Auffällig ist hier insbesondere, dass der Thread – die Ansprache an die Gruppe – nicht mit der unter Muslimen üblichen Anrufungsformel *bismi 'llāhi 'r-raḥmāni 'r-raḥīmi* („Im Namen des barmherzigen und gnädigen Gottes“) begonnen wird. Diese erfolgt erst später durch den „Amir“, der zugleich ein anderes Gruppenmitglied für seine offenbar nicht erwünschte Eröffnung des Gesprächs zurechtweist. Aus islamwissenschaftlicher Perspektive aufschlussreich ist der Name der Gruppe. „Ansaar Al Khilafat Al Islamiyya“ kann mit „Helfer des islamischen Kalifats“ übersetzt werden. Der Begriff „Ansaar“ (*anṣār*) ist im Koran zu finden. Er bezeichnet die Anhänger des Propheten Mohammed aus der Stadt Yathrib, dem späteren Medina. Der Begriff wird seit geraumer Zeit von dschihadistischen Gruppierungen, die der al-Kaida oder dem IS nahe stehen, zur Bildung von Gruppenbezeichnungen missbraucht. Beispiele hierfür sind unter anderem die Gruppennamen „Ansar al-Islam“, „Ansar as-Sunna“ (beide Irak), „Ansar bait al Makdis“ (Ägypten) oder „Ansar ad-Din“ (Mali). Der Name „Ansaar Al Khilafat Al Islamiyya“ weist eine Besonderheit auf: Das Attribut „Al Islamiyya“ verweist

12 Die Markierung Nxx markiert lediglich den Sprecherwechsel. Die Zuordnung von Ziffern zu Sprechern wird in den nachfolgend aufgeführten Dialogen verändert.

auf eine Tautologie, da der Begriff „Al-Kilafa“ per se auf ein islamisches Reich oder islamische Herrschaft verweist.

Auch der Begriff „Baqiyya“ („Bleibt bestehend!“, „wird bleiben!“ oder „ewig“) verweist auf einen eindeutig dschihadistischen Hintergrund. Die Parole „Baqiyya“ nimmt derzeit eine zentrale Bedeutung in der Propaganda des IS ein. Durch die Verwendung in verschiedenen Propagandamedien soll zum Ausdruck gebracht werden, dass der IS trotz der erheblichen militärischen Erfolge der IS-Gegner weiter bestehen bleibt. „Baqiyya“ ist auch der Name einer deutschsprachigen Website, die unter wechselnden Adressen die deutschsprachige Anhängerschaft des IS mit aktuellen Informationen zu den Geschehnissen in Syrien und Irak versorgt.[13] Hier ist zu bemerken, dass diese Parole aus theologischer Sicht blasphemischer Natur ist, da die Ewigkeit (*al-baqāʾ*) nach islamischer Überzeugung allein Gott vorbehalten ist (*al-baqāʾu lillāh*), der unter seinen Neunundneunzig Namen auch die Bezeichnung „der Ewige“ bzw. „der Bleibende“ (*al-bāqī*) führt. Die klassische islamische Theologie kennt daher den sich an das Glaubensbekenntnis („Es gibt keinen Gott außer Gott“) fügenden Lehrsatz: „Die Ewigkeit gebührt allein Gott“, was Muslime gemeinhin repetieren, wenn sie das Ableben eines Menschen gedenken. Der Umgang der Gruppenmitglieder mit dem Baqiyya-Terminus ist insbesondere deshalb bemerkenswert, weil gerade im neo-salafistischen Milieu die Alleinstellung Gottes mit besonderem Nachdruck betont wird. Streng theologisch betrachtet bildet hier also ein zutiefst blasphemischer Akt die Grundlage der Vergemeinschaftung.

Dass die Ewigkeit des Staates für die Gruppe aber nicht nur eine funktionelle, sondern auch eine spirituelle Bedeutung hat, zeigt sich darin, dass sie zum Kriterium des Glaubens (*ʿaqīda*) und der Zugehörigkeit zur Gruppe erhoben wurde. *ʿAqīda* bezeichnet im Allgemeinen die Gesamtheit der Glaubensgrundlagen. Der von einem Chatmitglied erwähnte „Aqida test“ verweist auf die inquisitorische Praxis dschihadistischer Gruppen. So wird nach einschlägigen Berichten unter anderem von Angehörigen des IS bei Verhören ein sogenannter „Aqida-test“ durchgeführt, um zu ermitteln, welcher anderen, und damit per se häretischen Glaubensrichtung Festgenommene angehören. Im Verlaufe des Chats werden in diesem Zusammenhang explizit Schiiten, Aḥbāš, Murǧiʾa und Sufis genannt.

Auffällig ist ferner, dass der Anführer der Gruppe für sich den Rang eines „Amir“ beansprucht. Der Begriff *amīr* stammt aus dem Arabischen und bedeutet „Befehlshaber“, „Fürst“ oder „Gouverneur“. In den Rang eines Amir konnte man im langen Verlauf der islamischen Geschichte nur gelangen, wenn man das Vertrauen der jeweiligen Regenten genoss und über erwiesene Führungsqualitäten verfügte. Daher die feine Unterscheidung von einem „Befehlenden“ (*āmir*) und

13 Derzeit zu finden unter: https://baqiyya.in/author/baqiyya/ (15.09.2016).

einem, dem die Befehlsgewalt anvertraut wird (*amīr*). Im Rahmen von Kleingruppen – in diesem Fall einer Gruppe von Jugendlichen – wirkt die Verwendung von „Amir" vollkommen unangemessen und absurd. Da in religiöser Hinsicht keinerlei Legitimierung angeführt werden kann, handelt es sich um einen Akt der Selbsterhöhung und -ermächtigung. Dass der „Amir" seine anfänglichen Informationen an die Gruppe auch als „erste große Ansprache" bezeichnet, unterstreicht die religiös verbrämte Anmaßung einer Führungsrolle. Die Auswahl eines Freitags, die Anführung der genealogischen Abstammung und die Angaben der Hijri-Zeit wirken denn auch wie der Versuch einer mimetischen Nachahmung al-Baghdadis im kleinen Gruppenchatraum.

Dokumentation 2

(95-102)

N6: Bismillah. Brüder, wenn ihr in sha'a Allah Lust habt, können wir uns um Allah's Willen treffen. Das heißt wir werden die Handys weg packen, und darüber reden, wie wir Allah näher kommen. Dies verlangt von euch, dass ihr in schöner und angenehmer Kleidung kommt, gewaschen und mit einer reinen Niyah. Rasulullah sallallahu alayhi wa sallam lehrte uns, dass das viele Gelächter das Herz für die ‚Ibada tötet. So will ich von euch Ernsthaftigkeit, liebe und den Willen, des ersuchen der Rechtleitung. Hört einander zu, unterbricht einander nicht. Wer meint, dass sein Herz heute nicht in der Lage wäre dies mitzumachen, so soll diese Person dieses Treffen ablehnen. Wenn zu wenige kommen, so kann es sein, dass dieses Treffen heute nicht stattfindet. Wir können und werden auch über aktuelle Themen bezüglich der jama'a sprechen. JazakumAllahu Khair

N7: Wa iyyak

N8: Ich komme In sha Allah wa iyyakum

N7: Ich kann erst morgen kommen wenn du da was planst

N7: In shaa Allah

XXX: Ich komme in shaa Allah :)

N7: Was islamische Kleidung betrifft würd ich gerne welche anziehen aber habe leider keine

N6: Kann auch eine Jogginghose sein, oder ähnliches. Hauptsache du kannst in Ruhe beten und sitzen. Auf Wunsch kann ich dir ja was ausleihen für den Tag, Akhi XXX.

Der zweite Thread beginnt mit einer Belehrung der Gruppenmitglieder durch dem „Amir". Dieser nimmt offenbar in Anspruch, auch der spirituelle Führer der Gruppe zu sein. In der Unterweisung geht es um *ʿibāda* (gottesdienstliche Verrichtung) und um die hierfür scheinbar erforderliche Haltung. Die Art der Unterweisung lässt die Vermutung zu, dass die Gruppenmitglieder nicht über die üblichen Kenntnisse verfügen, die z. B. zur Verrichtung des Gebets notwendig sind. Bemerkenswert sind auch die Ausführungen zur „Islamischen Kleidung". Offenbar geht ein Mitglied der Gruppe davon aus, dass zur Verrichtung des Gebets eine besondere Form von Bekleidung notwendig ist.

Dokumentation 3
(1278-1280)
N10: Ich brauch ein Koran
Ich hol mir demnächst von lies
Wenn ich abu nagi sehe sag ich das der Kafir ist
Weil er erdogan als Muslim sieht

Dass zumindest ein Teil der Gruppenmitglieder scheinbar nicht über eine ausgewiesene Expertise über den Islam und die rituelle Praxis verfügt, ist bereits in den vorangegangenen Ausführungen deutlich geworden. Bestätigt wird diese Vermutung durch den weiteren Verlauf des Dialogs. Zumindest ein Gruppenmitglied verfügt offenbar über keinen „Koran" und will sich diesen bei der „Lies!"-Aktion besorgen, die bekanntlich in vielen Städten kostenlos „Koranexemplare" verteilt. Während bei früheren Koranübersetzungen aus muslimischer Hand stets darauf geachtet wurde bereits beim Titel darauf hinzuweisen, dass es sich nicht wirklich um einen Koran sondern um eine ungefähre Übersetzung des Korans handelt, wird dieser Zusatz bei der „Lies!"-Aktion und in Extension bei den Gruppenmitgliedern vernachlässigt bzw. nicht einmal bemerkt. Aufschlussreich ist auch die Anmerkung zu Ibrahim Abou-Nagie, der als Organisator der „Lies!"-Aktion in Erscheinung tritt. Abou-Nagie wird als „Kafir"[14] bezeichnet, weil er Erdogan als Muslim ansehe. Und trotzdem vertraut man anscheinend darauf, dort „einen Koran" zu bekommen.

---

14 Der leichtfertige und exzessive Ausschluss vermeintlich Abtrünniger (Plural: *kuffār*, Singular: *kāfir*) aus dem Islam (*takfīr*) ist ein Merkmal jihadistischer Gruppierungen und Teil der IS-Propaganda.

Dokumentation 4

(1956-1988)

N12: Als ich früher immer abul baraa schaute sagte er wir haben schutzvertrag mit den kuffar hier

N12: Ich glaube das stimmt auch

N12: Weil wir Staatsangehörige sind und sie auch

N13: Nein haben wir nicht

N12: Somit ist ein friedensvertrag zwischen ihnen und uns. InshaAllah liegt es bald unter unseren fussen

N12: Doch akhin

N12: Akhi

N13: Nope

N12: Brudsr der Prophet sagte wer zu einem volk der kuffar geht gehört zu ihnen

N12: Irgendwie so ging der ahadith

N13: Ubd was hat das mit dem schutzvertrag zutun?

N14: Wer ein volk nachahmt, ist von Ihnen

N14: Menschen mit Schutzvertrag dürfen wir nicht anpacken

N12: XXX es gibt Auch nen ahadith der geht so mit dem leben

N14: Kuffar schon theoretisch

N12: Der gehört zu ihnen

N14: Wer mit den mushrikin lebt

N12: Kann gleich senden

N14: Gibt es

N12: Wir sind den friedensvertrag mit denen eingegangen als wir die staatsangehorigkeit annahmen. Denkt ihr man muss keine bedigungen erfüllen?

N12: Die ulama haben verboten so ne angehorigkeit anzunehmen aber wir haben das nicht extra gemacht das waren unseren Eltern

N13: Wer sagt denn das der Beitritt der Bürgerschaft ein Schutzvertrag ist? Ein schutzvertrag ist was anderes

N12: Bruder unter anderem. Die bedigungen sind auch das wir uns nicht gegenseitig töten dürfen dürfen usw

N14: Lies sura At Tawba erster Vers

N14: Allah hat uns das breche der Verträge erlaubt im Krieg

N12: Hier ist kein Krieg

N14: Egal wir reden mal privat darüber in sha'a Allah, WhatsApp ist keine gute Plattform für das

N13: Doch

N13: Deutschland ist darul harb

N14: Doch hier ist Dar al Harb durch den Krieg gegen den Islam Und die Muslime

N14: Aber jetzt bitte das Thema schließen, Allah weiß es am besten und zu Ihm kehren wir zurück k

N13: Durch den Kampf gegen Muslime wird der schutzvertrag aufgeloest

N12:Allahu alam.

N12: Ihr habt recht

N12: Habe nicht dran gedacht

Der vierte Thread, der hier vorgestellt werden soll, befasst sich mit Statusfragen vor dem Hintergrund eines globalen Dschihad. Begonnen wird die Diskussion mit der Mutmaßung, dass man als Muslim einen „Schutzvertrag" habe. Bezugspunkt sind hier Aussagen des Predigers Ahmad Abdul Baraa, der als Szeneakteur insbesondere in Berlin tätig ist, offenbar aber von einem Gruppenmitglied nicht mehr rezipiert bzw. akzeptiert wird (womöglich weil er wie Abou Nagie nicht radikal genug ist) und auch sonst in der Gruppe keine Autorität zu haben scheint. Trotzdem wird er hier als Referenz aufgeführt.

Es geht offenbar um die Frage, in welchem Verhältnis Muslime zu Nichtmuslimen in einem nichtmuslimischen Land stehen. Der Begriff „Schutzvertrag" scheint auf die Auffassung zu verweisen, dass Muslime in einem nichtmuslimischen Land sich als gesetzestreu erweisen müssen, solange Sie ihre Religion ausüben können und ihre Familien geschützt sind. Vertreten wird diese Aussage, die mehrheitlich von Gelehrten geteilt wird, unter anderem von dem berühmten hanafitischen Gelehrten Ibn ʿĀbidīn (gest. 1836).

Dieser Sicht der Dinge scheint auch das Gruppenmitglied zuzustimmen, das die Diskussion aufbringt. Das Argument ist hier die „Staatsangehörigkeit" und die damit verbundenen Rechte, die jeder Staatsbürger in Anspruch nehmen kann. Ein weiteres Gruppenmitglied widerspricht dieser Auffassung und es beginnt eine relativ lange Diskussion um die Frage, ob Deutschland zum *dār al-ḥarb* gerechnet werden könne.

Der Begriff wird häufig mit „Haus" oder „Gebiet des Krieges" übersetzt. Den Gegenbegriff hierzu bildet das *dār al-islām* (entsprechend „Haus" oder „Gebiet des Islam"). Diese konzeptionelle Einteilung geht auf eine Art Völkerrecht aus dem 3/9. Jahrhundert zurück. Diese Begriffe selbst kommen also weder im Koran noch in der Sunna vor, sondern sind das Produkt späteren Rechtsdenkens in einer Welt verfeindeter Großreiche. Während der Kreuzzüge und der Mongolenstürme erfuhren diese Konzepte eine weitere Schärfung. Heute allerdings wird diese Einleitung der Welt von den allermeisten Gelehrten historisiert und für die Gegenwart unzureichend erklärt. In der Ideologie des Dschihadismus begründen beide Begriffe allerdings schon seit Jahrzehnten eine bipolare Welt, in der Gewaltausübung im *dār al-ḥarb* als legitim, ja wünschenswert dargestellt wird.

Die Gruppe ringt in der Diskussion um einen gemeinsamen Standpunkt. Bemerkenswert ist auch in diesem Dialog die fehlende Sachkenntnis. An zwei Stellen wird explizit behauptet, es gäbe Stellen im Hadith, die zur Klärung der Rechtsposition einen Beitrag leisten könnten. Allein die Vorstellung, dass eine Rechtsposition mit einem Hadith begründet werden kann zeugt schon von massiver Unkenntnis. Doch es bleibt ohnehin nur bei vagen Andeutungen. Die Diskussion wird weitgehend mit Mutmaßungen geführt, autoritative Aussagen des Propheten werden ohne Quellenangaben „irgendwie so" postuliert. Bemerkenswert ist auch, dass bei der Nennung des Propheten die obligatorische Segenssprechung (*taṣliyya*) ausgelassen wird, ohne dass dies in der Runde irgendeinen Anstoß findet – ein Umstand, der in einer Diskussion unter tatsächlichen Rechtsgelehrten unvorstellbar wäre.

Dessen ungeachtet wirken die Begründungen für die jeweiligen Positionen hier diffus: So behauptet ein Mitglied die Annahme der Staatsbürgerschaft begründe einen „Friedensvertrag". Dem widerspricht ein weiteres Mitglied mit der Äußerung, die „Ulama" (Gelehrten) erlaubten einen solchen Vorgang nicht. Um welche Ulama es sich dabei handelt, wird nicht konkretisiert. Ferner müsse gesehen werden, dass für die Annahme der Staatsbürgerschaft die Eltern verantwortlich seien. Darüber hinaus habe der „Schutzvertrag" mit der „Bürgerschaft" nichts zu tun. Ungeachtet dessen wird nachfolgend die Ansicht vertreten, „Allah" erlaube im Krieg das Brechen von Verträgen. Dies verleitet ein Gruppenmitglied zu der Aussage, dass „hier" kein Krieg sei. Dem „Amir" missfällt offenbar der Diskussionsverlauf und er fordert dazu auf die Debatte „privat" weiter zu führen. Whatsapp sei für solche Diskussionen keine gute „Plattform".

Die Anweisung verfehlt allerdings ihre Wirkung, da ein Gruppenmitglied trotzig widerspricht und die Behauptung aufstellt „Deutschland ist darul harb", da man auch hier Krieg gegen den Islam und die Muslime führe. Erneut fordert der Amir die Beteiligten auf, die Diskussion zu schließen. Auch diese Anweisung wird ignoriert und ein Gruppenmitglied stellt erneut die Behauptung auf, durch den Kampf gegen die Muslime werde „der Schutzvertrag“ aufgelöst. Dieser Position stimmt nun auch das Mitglied zu, dass zunächst die Ansicht vertreten hatte, dass hierzulande kein Krieg gegen Muslime stattfände.

Der vorgestellte Thread ist für den Gruppenprozess von großer Bedeutung. Offenkundig gab es bezüglich des „Schutzvertrages“ unterschiedliche Auffassungen. In der Diskussion setzt sich schließlich die Position durch, Deutschland sei Teil des *dār al-ḥarb*. Mit dieser Feststellung exkludiert sich die Gruppe aus der Gesellschaft und dem rechtlichen Bezugsrahmen. Sie fühlt sich zum Regelbruch und Gewaltanwendung legitimiert. Bemerkenswert ist in diesem Zusammenhang einmal mehr die Konstruktion von islamischen Begründungen. Angebliche Belegstellen aus Koran und Hadith werden vom Hörensagen angeführt. Die einzige genannte Sure at-Tauba (9:1) wird aus dem Kontext gerissen, falsch gelesen und folglich falsch interpretiert. Denn „Allah“ gestattet in dieser Sure nicht den Vertragsbruch. Vielmehr wird dargelegt, dass ein Vertrag mit einer chronisch vertragsbrechenden Gruppe unter bestimmten Bedingungen und festgelegten zeitlichen Fristen aufgelöst werden kann.[15]

Dokumentation 5

(3758-3772)

N16: Endlich jetzt kann ich auf Toilette

N17: Bruder warst du jz die ganze Zeit nicht auf klo aus Angst das dort ein jann ist ?

N17: Bruder die haben mehr Angst vor uns als wir vor denen

N17: Weil die ganz genau wissen das wir waffen gegen sie haben

N16: Ich will die nur nich sauer machen

N17: Bruder das ist dein Haus

N16: Wohnung

N17: Die haben eig Nichtmal ein recht einfach reinzukommen

N17: Zahlen die miete ?

N17: Ausserdem wohnen viele auch in einem abflussrohr

N17: Es gibt Gelehrte die sagen man soll kein heisses Wasser deswegen in abfluss kippen weil du jinn treffen kannst

15 Vgl. dazu klassische Tafsir-Werke.

N17: Und selbst wenn du das tust konnen die nix machen wenn du schutzsuren liest
N17: ☺⊠
N16: Jaa
N16: :)

Dieser Dialogausschnitt zeigt, dass offenbar die Vorstellungswelt der selbsternannten dschihadistischen Jugendgruppe auch skurrile Vorstellungen von Dschinnen (ğinn, arab. für Geisterwesen) prägen. Dschinne sind in der islamischen Mythologie und Kosmologie genauso wie Engel für den Menschen unsichtbare Wesen; im Unterschied zu den Engeln sind sie nicht aus Licht, sondern auch „rauchloser Flamme" geschaffen. Außerdem verfügen die Dschinnen wie die Menschen – aber wiederum anders als die Engel – über einen freien Willen, können also zwischen Gut und Böse entscheiden. Die Wahrnehmung von Dschinn (sowie auch von Engeln) durch Menschen ist nicht möglich und wird allein durch die Erwähnung im Koran begründet. Der Glaube an die Dschinn ist also Teil der islamischen Glaubenslehre, gehört aber im Unterschied zu dem Glauben an Engeln nicht zu den zentralen Glaubenssätzen, die in den sogenannten „Sechs Säulen des Glaubens" aufgezählt werden. Außerdem gibt es unterschiedliche Interpretationen der Dschinn. Der modernistische Gelehrte Muhammad Abduh bspw. hat sie als Bakterien identifiziert, schließlich seien auch diese dem Auge unsichtbar und erfüllten sonstige Aspekte wie die Unreinheit, mit denen Dschinn assoziiert werden.

Dschinn-Geschichten spielen zuweilen im Volksglauben eine Rolle. Oftmals erfolgen bedienen sie hier die Lust, Grusel zu empfinden. Mit Blick auf die betreffenden Geschichten bleibt stets offen, was wahr sein könnte und was primär dem Gruselbedürfnis geschuldet ist. Gefürchtet werden insbesondere diverse Dämonen, die den Menschen großen Schaden zufügen können. Es gibt aber durchaus auch Vorstellungen von guten Dschinnen, die etwa Heilungsprozesse unterstützen können (z. B. in Nordmarokko).

Viele zeitgenössische Gelehrte kritisieren die mitunter ausufernden Dschingeschichten und halten sie für eine schädliche Form des Zeitvertreibs. Viele warnen außerdem vor der Scharlatanerie, die den Glauben an Dschinn-Wesen ausnutzt und die Menschen mit vermeintlichen Heilungen manipuliert. Andere klassifizieren bestimmte Formen des Dschinnglaubens sogar als Beigesellung Gottes (*širk*).

In der neo-salafistischen Szene wird dem plastischen Dschinn-Glauben mit großer Leidenschaft nachgegangen. Hierbei finden auch grotesk anmutende Vorstellungen ein erhebliches Maß an Zustimmung. Das übersteigerte Reinheitsstreben findet in den Dschinnen ein religiös überliefertes Motiv (so wird etwa auf Ibn

Taymiyya verwiesen, der in den Dschinnen ein verbindliches Dogma sah), welches soweit ausgedeutet und überhöht wird, dass regelrechte Exorzismen durchgeführt werden. Der Exorzismus als Kult fällt denn auch insbesondere im salafistischen Milieu auf fruchtbaren Boden.

In diesen Zusammenhang gehört auch die scheinbar weit verbreitete Vorstellung, die Dschinnen bewohnten Toiletten, Abflussrohre und weitere als unrein erachtete Orte. Auf Youtube sind eine Vielzahl von Videos zu finden, die dazulegen versuchen, wie man mit Dschinnen in Abflussrohren und Toiletten umgehen sollte. So verwundert es nicht, das dieses Thema auch von der Chatgruppe aufgegriffen wird:

Dokumentation 6

(2802-2842)

N20: Alhamdulillah

N20: :)

N20: Schade mit XXX :(

N21: Man kann keine Moschee hier trauen …

N20: Jaa

N20: :(

N20: Mann muss eigene gründen

N21: Ja lass mal in mein Keller

N21: Eine gründen

N20: Lass uns XXX fragen

N21: Ok

N20: Mot mein turban sehe ich aus wie ein inder

N20: Dery derk

N21: Joaa

N22: ☺▯

N21: Ein salafist

N22: Ein heuchler

N21: Wer

N22: Der typ aufm foto

N21: Aso

N21: Ja kann sein
N21: Leute
N21: Lass mal eigene Moschee eröffnen
N21: Z.b eine Garage
N22: Hat ich früher mal vor
N21: Die Moscheen sind nicht sicher
N22: Jao
N22: In draul kufr nie
N22: Daruk
N22: Darul*
N21: Dann lass eine eröffnen
N23: In shaa Allah
N24: Ikhwan wir müssen uns mehr wissen anreichern, dann.
N21: Wieso
N21: MoscheE braucht DoCh kein wissen
N21: Nur für uns gedacht
N24: Akhi natürlich. Wie soll einer von uns Khutba und so machen ohne wissen ? Und eine masjid muss für jeden offen sein. Deswegen erstmal mehr wissen Akhi XXX
N22: Heute war gut ja
N22: Bucher genommen bisschen gelesen
N22: Wenn wir das oftermachen lernen wir mehr
N23: Ich kann khutbah mache
N23: N
N23: Ich bin imam

Auch der 6. Thread zeigt, dass die Gruppenmitglieder lediglich über rudimentäre religiöse Bildung verfügen. Sichtbar wird dieser Sachverhalt in der vorgestellten Dialogsituation am Thema Moschee. In der Gruppe wird die Notwendigkeit einer eigenen Moscheegründung aus Sicherheitsüberlegungen diskutiert. Ein Mitglied ist der Auffassung, dass hierzu auch ein entsprechendes Wissen von Vorteil sei. Dieser Auffassung wird sofort widersprochen, in dem darauf hingewiesen wird, dass die zu gründende Moschee ausschließlich für Gruppenangehörige bestimmt sei. Weiteres Wissen sei daher nicht erforderlich. Dieser Position widerspricht erneut ein Gruppenmitglied, da für die Freitagspredigt („Khutbah") durchaus Wissen erforderlich sei. Ein Gruppenmitglied hat nun die Idee, dass ein „bisschen gelesen" hier Abhilfe bringen könnte. Die Diskussion wird nicht vertieft, weil ein Gruppenmitglied unvermittelt die Feststellung trifft, er sei Imam, und könne die „Khutbah" machen.

Dokumentation 7

(5747-5750)

N26: ABENDMAHL IM KORAN SURE 5 DER TISCH | VERS 110-120

Wenn Allah sagen wird: „O Jesus, Sohn der Maria, gedenke Meiner Gnade gegen dich und gegen deine Mutter; wie Ich dich stärkte mit der heiligen Eingebung du sprachst zu den Menschen sowohl in der Wiege als auch im Mannesalter; und wie Ich dich die Schrift und die Weisheit lehrte und die Thora und das Evangelium; und wie du mit Meiner Erlaubnis aus Ton bildetest, was wie Vögel aussah, du hauchtest ihm dann (Atem) ein, und es wurde mit Meiner Erlaubnis zu (wirklichen) Vögeln; und wie du mit Meiner Erlaubnis die Blinden und die Aussätzigen heiltest; und wie du mit Meiner Erlaubnis die Toten erwecktest; und wie Ich die Kinder Israels von dir abhielt als du zu ihnen mit deutlichen Zeichen kamst und die Ungläubigen unter ihnen aber sagten: „Das ist nichts als offenkundige Zauberei.""

(110) und als Ich den Jüngern eingab, an Mich und an Meinen Gesandten zu glauben, da sagten sie: „Wir glauben, und sei Zeuge, daß wir (Dir) ergeben sind." (111) Als die Jünger sagten: „O Jesus Sohn der Maria, ist dein Herr imstande, uns einen Tisch (mit Speisen) vom Himmel herabzusenden?" sagte er: „Fürchtet Allah, wenn ihr Gläubige seid." (112) Sie sagten: „Wir wollen davon essen, und unsere Herzen sollen beruhigt sein, und wir wollen wissen, daß du in Wahrheit zu uns gesprochen hast, und wollen selbst dafür Zeugnis ablegen." (113) Da sagte Jesus, der Sohn der Maria: „O Allah, unser Herr, sende uns einen Tisch (mit Speise) vom Himmel herab, daß er ein Fest für uns sei, für den Ersten von uns und für den Letzten von uns, und ein Zeichen von Dir; und versorge uns; denn Du bist der beste Versorger." (114) Allah sprach: „Siehe, Ich will ihn (den Tisch) zu euch niedersenden; wer von euch aber danach ungläubig wird, über den werde Ich eine Strafe verhängen, mit welcher Ich keinen anderen auf der Welt bestrafen werde." (115) Und wenn

Allah sprechen wird: „O Jesus, Sohn der Maria, hast du zu den Menschen gesagt: „Nehmt mich und meine Mutter als zwei Götter neben Allah?" wird er antworten: „Gepriesen seist Du. Nie könnte ich das sagen, wozu ich kein Recht hatte. Hätte ich es gesagt, würdest Du es sicherlich wissen. Du weißt, was in meiner Seele ist, aber ich weiß nicht, was Du in Dir hegst. Du allein bist der Allwissende des Verborgenen. (116)

Nichts anderes sagte ich zu ihnen, als das, was Du mich geheißen hattest: „Betet Allah an, meinen Herrn und euren Herrn." Und ich war ihr Zeuge, solange ich unter ihnen weilte, doch nachdem Du mich abberufen hattest, bist Du ihr Wächter gewesen; und Du bist der Zeuge aller Dinge. (117)

Wenn Du sie bestrafst, sind sie Deine Diener, und wenn Du ihnen verzeihst, bist Du wahrlich der Allmächtige, der Allweise." (118) Allah wird sprechen: „Das ist ein Tag, an dem den Wahrhaftigen ihre Wahrhaftigkeit nützen soll. Für sie gibt es Gärten, durch welche Bäche fließen; darin sollen sie verweilen auf ewig und immerdar. Allah hat an ihnen Wohlgefallen, und sie haben Wohlgefallen an Ihm; das ist die große Glückseligkeit." (119) Allahs ist das Königreich der Himmel und der Erde und dessen, was zwischen ihnen ist; und Er hat Macht über alle Dinge. (120)

PS. Das Bild hat nicht mit Jesus zu tun und mit abendmahl…

Allahumma Salli wa Sallim wa Barik ‘ala sayyidina Muhammad.

As Salamu ‘alaykum wa ‘ala man Ittaba’a-l Huda. Meine geliebten geehrten Geschwister im Islam. Ich spreche zu euch, als euer Bruder im Dīn, als ein schwacher Diener Allah‘s, wahrlich alle Kraft kommt von Allah. Ich wollte hiermit meine Zuneigung und meine Loyalität zu euch und zu meinen Geschwister auf der ganzen Welt preisgeben. Ich befinde mich in einer schwierigen Situation, so bitte ich euch drum, dass ihr Du‘a‘ macht für die arme Seele. Macht Du‘a‘ für die Gefangenen Geschwister und vergisst mich in sha‘a Allah nicht. Möge Allah uns segnen, uns unsere Sünden vergeben und uns in unserer Arbeit bestärken ! Falls ich weg bin, so soll sich XXX und XXX beraten und gemeinsam Schlüsse ziehen. Ich will von euch Einsatz, setzt euer Geld Besitz und euer Blut ein für die Sache Allah‘s ! Schreckt nicht zurück falls ich eingesperrt bin, Wallahi dies wäre nur eine Bestätigung für unsere Gradlinigkeit. Die Nacht steckt voller Segen, vergisst das nicht Ya Ikhwati ,Aziz. Gehorcht Allah, dann Seinem Gesandten, dann denjenigen, der Befehlsgewalt über euch hat. Mit jeder Nasiha die ich euch gebe als euer Bruder, erhoffe ich Khair von Allah für euch. Trennt euch nicht vom Buch, achtet auf eure Gebete und fastet. Werdet endlich aktiv in der da‘wa und versucht die Herzen der Gläubigen zu gewinnen. Seid mit Allah, denkt nicht wir sind schwach aufgrund unserer Anzahl, bei Allah einer von uns besiegt 10 von ihnen ! Ich sehe eure starken Seelen und euren starken Willen und haltet an diesen Sachen fest

Wa lillahil Hamd wa Salli Sallim wa Barik ‚ala Habibana sayyidina Muhammad wa ‚ala alihi wa sahbihi wa man walaa'.

N27: As Salamu Alaykum wa rahmatullahi wa barakatuh Ikhwan. Diese Gruppe wird vorübergehend aufgelöst. Ich bitte euch In sha Allah alle die Gruppe zu verlassen. Der Befehl kommt vom Amir, ich leite nur weiter. Möge Allah euch mit Jannah belohnen Amin Ajmain. Bei Komplikationen bitte mich privat anschreiben, Barak Allahu Feekum

Der letzte Thread, der zugleich auch den Gesamtchat abschließt, ist der Abschied des „Amirs". Verfasst wurde das Posting einen Tag nach dem erfolgreich ausgeführten Anschlag. Der „Amir" geht offenbar davon aus, dass seine Verhaftung unmittelbar bevorsteht. Außerordentlich bemerkenswert ist die Eröffnung des Postings mit der Sure al-Mā'ida. In chronologischer Hinsicht ist dies die letzte im Koran geoffenbarte Sure. Hierdurch entsteht eine Finalität die durch Inhalt und Kontext der Sure noch erheblich verstärkt wird. Die Sure behandelt neben dem Wunder der Brotvermehrung unter anderem das letzte Abendmahl, das Jesus mit seinen Jüngern feiert. Aus christlicher Perspektive war dies die letzte Ansprache Jesu an alle versammelten Jünger. Dieser Umstand, die letzte Rede vor dem bevorstehenden großen Martyrium, ist dem „Amir" scheinbar bekannt. Deshalb bemüht er sich um eine formale und schwache Distanzierung: „Das Bild hat nicht mit Jesus zu tun und mit abendmahl…" Dennoch folgt der Amir dem biblischen Beispiel und formuliert gleichfalls anschließend eine mit viel Pathos vorgetragene letzte Ansprache. Erstaunlich ist hier das Ausmaß der Selbsterhöhung und -ermächtigung. In den betreffenden Zeilen gibt es kein Wort des Bedauerns zu den Opfern des Anschlags. Vielmehr bittet er Gott darum, dass dieser Ihn und seine Mitverschwörer in Ihrer Arbeit bestärke. Danach erteilt er eine Reihe von Anweisungen oder Befehlen. Diese gipfeln in der Aufforderung: „Ich will von euch Einsatz, setzt euer Geld Besitz und euer Blut ein für die Sache Allah's ! Schreckt nicht zurück falls ich eingesperrt bin (…) Seid mit Allah, denkt nicht wir sind schwach aufgrund unserer Anzahl, bei Allah einer von uns besiegt 10 von ihnen !".

2.5 Themencluster

Die Prozesse der Wissensproduktion und Wissensaneignung innerhalb der Gruppe sind sehr aufschlussreich, da sie sehr eindrücklich einerseits den Mangel an theologischem Wissen dokumentieren, und andererseits darlegen, wie kreativ diese Lücke durch eine versatzstückmäßige Zusammenfügung unterschiedlichster Bausteine geschlossen wird. Es gibt nicht nur eine eklatante Ignoranz elementarster Kenntnisse zur Islamischen Theologie, sondern es fehlt auch jegliche Methode bei der Herleitung islamisch begründeter Meinungen. Dadurch wiederum wird der Unterschied von Theologie und Ideologie deutlich: Indem diese Gruppe weder eine islamkonforme Methode verfolgt noch im Ansatz (vgl. die Gründungsansprache) elementarste, etwa mit dem Frühislam vereinbare Konsistenzkriterien erfüllt und stattdessen bloß bemüht ist, einen einmal verabredeten Plan gewissermaßen im Instant-Modus zu heiligen, erweist sich ihre Kommunikation als Ideologie-Artefakt.

Im Folgenden wird dieser Befund zunächst vertieft und die Unkenntnis hinsichtlich der Islamischen Theologie anhand mehrerer Beispiele noch eingehender dargestellt. Anschließend wird nachgezeichnet, wie „Wissen" innerhalb der Gruppe begründet wird.

2.5.1 Arabisch- und Korankenntnisse

Innerhalb der Islamischen Theologie ist hinlänglich bekannt, dass die profunde Kenntnis des Arabischen eine von mehreren Voraussetzungen zur eigenständigen Wissensbildung ist. Diese Voraussetzung ist in der Gruppe nicht eben nur nicht erfüllt, sie wird zudem überspielt, indem die Kenntnis des Arabischen inszenieret wird. Der spirituelle Anführer der Gruppe ist der „Amir". Dieser schmückte sich schon zu Anfang mit dem Beinamen „Al ‘Arabi" (144), was so viel wie „der aus Arabien stammende" oder einfach „der Araber" heißt. Vermutlich diente diese Bezeichnung als Legitimation seiner Autorität auch in religiösen Fragen. Und tatsächlich ist er derjenige, der innerhalb der Gruppe die Antworten zu Fragen nach der arabischen Bedeutung von Wörtern gibt.

Zu Beginn des Chatverlaufs fragt ein Gruppenmitglied, was es mit dem arabischen Satz auf sich habe, welcher auf dem Gruppenbild der Chatgruppe steht: „Was steht eigentlich auf dem Profilbild der Gruppe übersetzt auf deutsch?" (664). Ein anderes Gruppenmitglied antwortet ihm darauf: „Ansar millatu ibrahim / Aber der name (unserer Gruppe, Anm. d. Autors) ist / Ansar al-khilafah(t) al-islamiya" (665-667). Das fragende Gruppenmitglied hakt daraufhin weiter nach: „Fehlt bei Ansar nicht das Alif vor dem „N" ?" (670). An dieser Stelle schaltet sich der „Amir" mit einem bissigen Kommentar in das Gespräch ein: „Akhi wenn ich ein Buch schreiben würde, mit dieser Unwissenheit, so wurde eine Katastrophe entstehen." (672) und klärt dann auf, was dort eigentlich steht: „Naasir Millatu Ibrahim" (674). Der „Amir" verweist hier also autoritativ darauf, dass im Gruppenbild nicht „Ansar" stehe, sondern „Naasir". „Naasir? / Was bedeutet das" (675-676) will das fragende Gruppenmitglied weiterhin erfahren. Daraufhin antwortet der „Amir": „Unterstützt/helft" (677). Der Fragesteller dankt für die Antwort und der „Amir" erwidert entsprechend, beide auf Arabisch. Bevor die Diskussion von einem anderen Thema unterbrochen wird, stellt er eine letzte Frage zum Verständnis: „Also Nasiir ist merhzahl von asser?" (680) und der „Amir" antwortet: „Nein. / Das plural wird im arabischen ganz anders gebildet." (682-682) und führt aus: „ZB Kitāb / Kutūb / Fitna / Fitan / Nasiha / Nasā'ih / Nasihāt / Etc" (697).

Tatsächlich aber bedeutet „Naasir" (*nāṣir*) weder „helft" noch „unterstützt". Es handelt sich dabei vielmehr um ein Partizip aktiv mit der Bedeutung „der Helfende" oder „der Helfer" bzw. „der Unterstützende" oder „der Unterstützer". Das Gruppenbild bezieht sich also auf jemanden, der sich durch dieses Bild selbst als Unterstützer der „millatu ibrahim" gibt. Der vom Amir proklamierte Imperativ ist hier also falsch und grammatisch auszuschließen. Auch die Pluralbildung anderer Wörter als Erklärung zeugt von Unkenntnis, da es sich bei den Begriffen nicht um ein ins Partizip versetztes Verb handelt, sondern um Substantive, deren Pluralbildung anderen Gesetzmäßigkeiten folgt als Verben. Das Verb im Imperativ der zweiten Person Plural würde heißen „*unṣurū*". Abgesehen davon ist der Plural „Kutūb" nicht mit einem langen „u" zu schreiben und das angegeben Plural „Nasihāt" gibt es nicht.

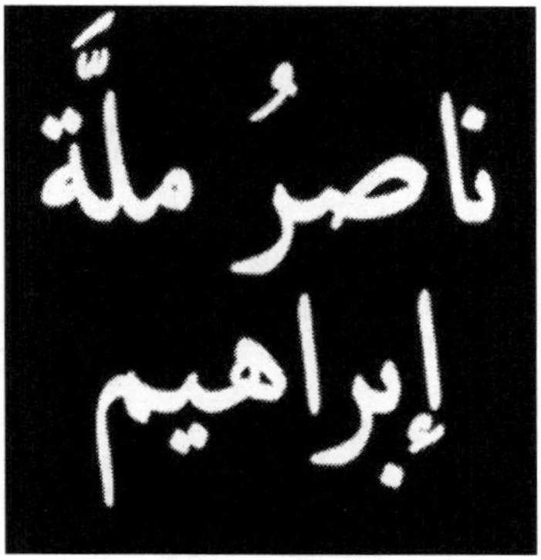

Bild: Das wahrscheinliche Profilbild der Chat-Gruppe

Dies ist eine bezeichnende Diskussion, weil sie deutlich macht, dass der geistige Führer das Arabische nur mangelhaft beherrscht, und trotz dieses Mangels Auskünfte mit einem Befehlscharakter erteilt werden. Diese Unzulänglichkeit scheint weder ihm selbst noch den anderen im Chat bewusst zu sein. Der „Amir" täuscht die Rolle des Arabischkundigen vor, und keiner bemerkt es.

Dies ist nicht die einzige Situation, an der die Inkompetenz deutlich wird. Als dem „Amir" das Gruppengespräch zu riskant wird, ermahnt er die Teilnehmenden das Gespräch zu beenden: „In sha'a Allah unterlasse das Akhi. Wir stehen unter Basir." (2471). Basir (arab. *baṣīr*) ist ein Partizip mit der Bedeutung „Sehend". In dieser Bedeutung kommt das Wort auch im Koran vor.[16] Was der „Amir" hier aber meint ist vermutlich die „Beobachtung", was im arabischen „*murāqaba*" heißen müsste. „Wir stehen unter sehend" ist ein grammatisch falscher Satz. Auch bezeichnet der „Amir" seine Anhänger bisweilen als „Akhi Karim" (104; 2841; 3188) oder auch als „Habibi Karim" (3158), womit „mein edler Bruder" bzw. „mein edler Liebling" gemeint sein soll. Diese Bedeutung kann es allerdings nur bekommen, wenn dem Attribut „edel" der Artikel „al-" vorangestellt wird. Andernfalls ist es keine sinnvolle Aussage, sondern einfach nur eine unsinnige Anreihung von Wörtern, die im Deutschen so wiederzugeben wäre: „Mein Bruder edel" bzw. „Mein Liebling edel". Ähnliche Sprachfehler begeht der „Amir", wenn er „meine ehrenwerten Brüder" sagen will, aber „meine ehrenwerter Brüder sagt": „Ikhtwati 'Aziz" (5705; 5747; 5750). Ein derart gebrochenes Arabisch verwendet der „Amir" auch, wenn er sagen will: „Gott schenke dir das Paradies". Auch hier weiß er den Bestimmungsartikel nicht zu setzen: „JazakAllahu Jannat." (3939), so dass der Satz im Deutschen so wiederzugeben wäre: „Gott schenke dir Paradies". Selbst bei den Standartformeln, die an jede Rede entweder am Anfang und/oder am Ende gesprochen werden, begeht der Amir grammatische Fehler, von denen sonst keiner Notiz nimmt: „Wa lillahil Hamd wa Salli Sallim wa Barik ‚ala Habibana sayyidina Muhammad" (5750), so der „Amir" nach einer längeren Ansprache. In der Formel fehlt allerdings das „und" (*wa*) vor dem „Sallim" und das „Habibana" gehört in den Genitiv und müsste korrekt „Habibina" heissen.

Während die Arabischkenntnisse des „Amirs" unzureichend sind, scheinen sie bei den anderen so gut wie gar nicht vorhanden zu sein, denn sonst hätten die oben genannten Unstimmigkeiten schon bei der Diskussion um die Bedeutung des Gruppenbilds Unstimmigkeiten auffallen müssen. Somit erweist sich, dass keiner aus der Gruppe die Originalquellen rezipieren, geschweige denn richtig verstehen kann. Dieser Mangel wäre nicht so gravierend, wenn der „Amir" nicht auf vorgebliche Quellenkenntnisse basierende Auskünfte über den Islam geben würde. Letzten

16 Vgl. Sure 67/19

Endes scheint sprachliche Korrektheit in dieser Gruppe aber ohnehin irrelevant zu sein. Das Einwerfen arabischer Vokabeln dient hier mehr der Inszenierung von Authentizität als der methodisch sauberen Erschließung islamkonformer Sinngehalte, die eine Grundvoraussetzung für eine ernst gemeinte theologische Auseinandersetzung wäre.

Nächstes Beispiel: Ein Gruppenmitglied mit dem Beinamen „Turki" („Der Türke") gibt in der Gruppe bekannt, dass er „so ein gutes buch gefunden" (2013) habe: „Da lernt man richtig tajwees" (2015). Gemeint ist hier eigentlich „Tadschwid" (arab. *taǧwīd*), womit eine nach genauen Regeln festgelegte Intonation der Koranrezitation bezeichnet wird. Die exakte Artikulation feinster Laute, die korrekte Lesegeschwindigkeit und Betonung sowie das Setzen von Pausen erfordern die Anleitung einer Lehrerin oder eines Lehrers und außerdem viel Geduld. Viele Koranexemplare enthalten farbliche und andere Zeichen, als Lernhilfe für den Novizen. Eine autodidaktische Aneignung der Rezitationskunst ist jedenfalls nur äußerst eingeschränkt möglich. Nachdem das Gruppenmitglied mit dem Beinamen „Turki" nun stolz in der Gruppe verkündete, dass er ein gutes *taǧwīd*-Buch entdeckt habe, interveniert der „Amir": „Ich rate dir von türkischen Tajwid Büchern ab" (2016). Eine Begründung dafür liefert er nicht. Da *taǧwīd*-Bücher keinen ethnischen Sprachkriterien folgen, ist diese Aussage höchst seltsam. Außerdem sind die türkischen Imame in den Moscheen in aller Regel sehr versiert, was die korrekte Lesung in nach *taǧwīd*-Regeln betrifft, da die Imame die Regel der Koranrezitation genau studieren. Das einzige, was der „Amir" im Anschluss an seine Warnung zum Thema noch schreibt ist: „Ich habe mir das lesen des Qur'an und Tajwid auch selbst beigebracht / Obwohl ich noch ein Buch dazu hatte" (2017-2018). „Turki" versichert daraufhin, dass er „nur drin geblättert" (2020) habe, doch verstehe er nicht, warum er sich nicht dieses Buchs bedienen solle, schließlich gehe es dabei nicht um grundlegende Glaubensfragen: „Bruder das ist kein Aqida buch" (2023). Der „Amir" schweigt sich dazu allerdings aus und die Diskussion wird nicht mehr weitergeführt.

Das Un- bzw. Halbwissen hinsichtlich der arabischen Sprache und der Rezitationskunst betrifft auch die Kenntnis des Korans selbst. Ein Gruppenmitglied, dass „Shami" („Der Syrer") mit Beinamen heißt, schreibt: „Ich brauch ein Koran / Ich hol mir demnächst von lies" (1279), ohne dass ihm deutlich gemacht wird, dass es sich dabei nicht um den „Koran" handelt, sondern lediglich um den Versuch einer Übersetzung.[17] Begriffe wie *muṣḥaf*, die einen gebundenen Koran in Origi-

17 Die Exemplare aus der „Lies!"-Verteilaktion enthalten außerdem einen Index, indem diverse Wörter erklärt werden. Dem Wort „Thron" bspw. wird fast eine ganze Seite gewidmet, in dem die metaphorische Interpretation dieses Begriffs abgelehnt wird, was

nalform bezeichnen, sind innerhalb der Gruppe nicht einmal allen bekannt: „Was ist mushaf?“ (3159) fragt einer, ohne dass ihm jemand dazu eine Antwort schreibt.

An einem anderen Tag schlägt „Turki“ vor, dass man sich in der Gruppe ausgiebiger mit dem Koran beschäftigen solle: „Ey Amir / Wie wär‘s wenn wir so ein treffen machen / Wo wir uns alle treffen und versuchen zsm ne lange sura zu lernen“ (914-916). Prompt antwortet ein anderer aus der Gruppe: „Tauba :D“ (617), was „Turki“ amüsiert: „Ohaaa / Wär gut / Haahahahah xD“ (918-920). Die Sure at-Tawba gehört mit 129 Versen zu den längsten Suren des Korans. Was die Gruppenmitglieder an dieser Sure begeistert ist allerdings nicht ihre Länge noch ihr Inhalt, sondern mehr der Symbolcharakter einiger weniger Verse innerhalb der Sure. Denn in dieser Sure sind öfter Passagen enthalten, in denen vom Kampf die Rede ist. Der Amir begründete den Kriegszustand in Deutschland etwa mit dieser Sure: „Lies sura At Tawba erster Vers / Allah hat uns das breche der Verträge erlaubt im Krieg“ (1960-1961). Es ist also auch hier mehr der Effekt, den der Name dieser Sure auslöst, als die inhaltliche Beschäftigung mit dieser oder anderen Suren, der in der Gruppe interessiert. „Turki“ versucht in einem zweiten Anlauf seinen Vorschlag nochmal ernsthaft in die Runde zu bringen: „Jeder muss eine sura aus wendig lerneb / Was könnz ihr alles?“ (927-928). „Wenig“ antwortet ihm ein anderer und die anderen schweigen sich aus. Das Thema wird daraufhin von einem anderen Motiv abgelöst und kommt während des Chatverlaufs nicht mehr wieder auf.

Einen ähnlichen Effekt haben wir mit Blick auf die Rezeption anderer arabischer Schriften. Auch hier geht es nicht um eine inhaltliche Beschäftigung mit den Argumenten, sondern allein darum bei einer theologischen Debatte die Diskussionsgegner zu besiegen und als Gewinner dazustehen:

> Wer arabisch kann und mit Ahbash, Maturidiyyah, Ashairah und sonstigen Sekten zu tun hat, kann ihnen folgende Frage stellen „War Imam Bukhari von Ahli Sunnah oder von Ahli Bidah?“ Sie werden sagen, Ja. Dann wirst du aus einem Buch von Imam Bukhari zitieren, was sie vernichtet, zerschmettert in den Boden gräbt. Das Buch heißt: Khalqu Af‘aalil Ibad (4007).

In Anbetracht des Beschriebenen ist es äußerst ironisch, dass ausgerechnet der „Amir“ in der Gruppe ein Zitat von Ibn Taymiyya (gest. 728/1328) einfügt, in dem

innerhalb des salafistischen Diskurses immer wieder Anlass zum Streit mit der sunnitischen Mehrheitsmeinung führt, die hier die metaphorischen Interpretationen dieses Verses betonen. Unabhängig von der theologischen Debatte, gibt es im Koran einfach keinen Index mit einer Worterklärung. Da es sich außerdem um eine Übersetzung handelt und zudem auch noch menschliche Ergänzungen in Form eines Indexes zwischen die zwei Buchdeckel gefügt werden, darf man aus theologischer Sicht eigentlich weder von einem „Koran“ sprechen, noch von einer „Koran“-Verteilaktion.

dieser auf die Notwendigkeit profunder Arabischkenntnisse als Voraussetzung für das richtige Verständnis der Quellen hinweist und in dem der Mangel an diesen Kenntnissen getadelt wird:

> „Shaykh al-Islam Ibn Taymiyyah rahimahullah sagte:
> ‚Die Salaf würden Ihr Kinder rügen, wenn sie im Arabischen grammatikalische Fehler machten. Deshalb wurde uns befohlen, sei dies eine Verpflichtung oder eine Empfehlung, die arabischen grammatischen Gesetze zu beherrschen und die Zungen zu korrigieren, welche von der richtigen Sprechweise abweichen. Wenn wir dies tun, bewahren wir die Methodologie des Verstehens von Qur'an und Sunnah. Wir bewahren auch das Benehmen der Araber in ihrem Benehmen der korrekten Sprechweise. Wenn man die Menschen mit ihren grammatischen Fehlern in Ruhe lasse würde, dann wäre dies ein großer Mangel und ein verachtenswerter Fehler." (4194)

2.5.2 Das Verständnis der Dogmatik (*ʿaqīda*)

Trotz der dargelegten Wissenslücken, gibt es ein Feld, in dem sich die Gruppenmitglieder im besonderen Maße als Experten verstehen: Die Dogmatik. Hier geht es vor allem um vermeintlich den Monotheismus in Frage stellende Positionen. So gibt es im gesamten salafistisch-islamistischen Exkommunikationsdiskurs eine auffällige Konzentration darauf, was *nicht* Gott ist. Innerhalb des Chats selbst wird nicht viel über dieses Thema diskutiert, da es die formale Voraussetzung war, um überhaupt in die Gruppe aufgenommen zu werden. Der Aufnahmetest bestand ja im Bekenntnis zur Ewigkeit des sogenannten „Islamischen Staates". Diese Überleitung zum „Islamischen Staat" innerhalb eines Bekenntnisses erfolgt nicht direkt, sondern unter Zugrundelegung einer anderen Doktrin, nämlich die Klassifizierung von Systemen, Personen oder sonstigen Entitäten als transgressive Faktoren, sogenannten *ṭawāġīt* (sg. *ṭāġūt*), die als „Götzen" oder „Teufel" das alleinige Recht Gottes auf Anbetung unterminieren. Da der IS als der stärkste Kämpfer *gegen* die transgressiven Faktoren ausgemacht wird, wird dessen Unterstützung quasi zum Gebot. Das Bekenntnis zu der Ewigkeit und dem Erhalt des Staates wird somit aber nicht direkt begründet, sondern offensichtlich konstruiert und es ist sehr unwahrscheinlich, dass dabei zunächst nur an eine Parole ohne weitere theologische Implikation gedacht ist.

Hier ist anzumerken, dass dem IS formaltheologisch aber keine Attribute zugeschrieben werden dürften, die wie, wie etwa die Ewigkeit, allein Gott zustünde. Damit einhergehend müsste auch klargestellt sein, dass nicht der IS oder sonst eine Organisation oder ein Staat angebetet werden dürfte, sondern Gott allein. Darin, dass der IS als heilige Verkörperung eines Zwecks erscheint, zeigt sich, dass wir es mit einer Ideologie zu tun haben, die sich gerade durch ihre theologische Überfrachtung selbst am Prinzip des Monotheismus vergeht. Denn wenn alle Organisationen und Staaten, die sich nicht nach den Gesetzen Gottes richten als *ṭāġūt* gelten, scheint im Umkehrschluss jeder Zusammenschluss, der sich nach Gott richtet, das Gegenteil von *ṭāġūt* zu sein, womit nur noch Gott selbst übrigbleibt, womit sich die „Gruppe“ oder der „Staat“ dann selbst identifiziert. Folglich wird für die Gruppe auch die Unterstützung bzw. Ablehnung des Kalifats zum Damoklesschwert für Glaube und Unglaube erhoben.

Die Chatgruppe teilt die Auffassung, dass die Demokratie eine Form des Götzendienstes sei, da dem Volk die allein Gott vorbehaltene Gesetzgebungskompetenz übertragen würde, mit anderen Gruppierungen innerhalb des islamistisch-salafistischen Diskurses. Dazu eine Anekdote, die wir dem Chat entnehmen: Als ein Teil der Gruppe sich einmal in einer Moschee traf, weigerten sie sich hinter dem dortigen Imam zu beten, da er in ihren Augen ein „kafir“ war, d. h. einer, der den Glauben verweigert. Es kam in der Moschee daraufhin zu einer Auseinandersetzung mit dem Imam, über die im Chat rege diskutiert wurde (2860-2922). Im Laufe des Gesprächs fragte der „Amir“ nach dem konkreten Grund der Auseinandersetzung: „Und warum wolltet ihr nicht hinter dem beten ? / Yani woran habt ihr deren Kufr erkannt ? / Demokraten ?“ (2885/2886). Alle, die sich demokratisch betätigen oder die Demokratie für legitim halten, bzw. sie nicht innerlich aus Glaubensgründen ablehnen, sind „diener des shaytans“ (d. h. des Satans; 1275). Die Konsequenz daraus ist, dass die Imame gemieden werden. So berichtet auch „Turki“, wie jemand aus der Szene es ablehnte, in einer anderen Moschee hinter einem Imam zu beten: „Der bruder hat sich geweigert weil er [der Imam] ein taghut ist“ (2926).

Aufgrund dieser Kriterien können die allermeisten Muslime und Moscheen von der Gruppe erst gar nicht anerkannt werden, wodurch sich die Gruppe zunehmend selbst isoliert. „Turki“ bemerkte bei einer Gelegenheit: „Wir sind keine 1.5 Milliarden Muslime / Viel viel weniger / Diese Statistik ist von kuffar erstellt und sie zahlen jeden mit der sagt er ist Muslim selbst wenn er grade dabei ist sich vor budda niederzuwerfen.“ (4698-4700). Da auch die Moscheen zu Stätten des Unglaubens geworden seien, rief ein Gruppenmitglied unwidersprochen aktiv zu deren Meidung: „Ikhwan nur da hingehen wo muwhadun beten, nicht bei den ganzen murji3a Tempeln. Weil hinter einem Kafir mushrik zu beten bringt gar nix das Gebet ist ungültig“ (1916). Der Begriff „murji3a“ (korrekt heisst es *murǧi'a* – ohne den Buchstaben ʿayn, worauf die 3 deutet) meint in diesem Zusammenhang solche Muslime, die auch diejenigen zu Gläubigen erklären, die eigentlich Ungläubige seien. In anderen Worten: Wer nicht die Ansichten der Gruppe hinsichtlich des Unglaubens bestimmter Personen oder Gruppen teilt, der wird selbst dadurch zum Ungläubigen.

Bald führt diese Entwicklung innerhalb der Gruppe zu der Konsequenz eigene Räume zu beziehen: „Man kann keine Moschee hier trauen … / Mann muss eigene gründen" (2807/2810). „Shami" schlägt daher vor: „Ja lass mal in mein Keller" (2811) und „Lass mal eigene Moschee eröffnen / Z.b eine Garage / Hat ich früher mal vor / Die Moscheen sind nicht sicher" (2827-2830). „Turki" unterstützt das Vorhaben, doch der „Amir" gibt zu bedenken: „Ikhwan wir müssen uns mehr wissen anreichern, dann." (2837). „Wieso" entgegnet „Shami", „MoscheE braucht DoCh kein wissen / Nur für uns gedacht" (2838-2841). Der „Amir" aber zügelt: „Akhi natürlich. Wie soll einer von uns Khutba und so machen ohne wissen ? Und eine masjid muss für jeden offen sein. Deswegen erstmal mehr wissen Akhi Karim" (2841). Dann pflichtet „Turki" dem „Shami" bei und gibt sich zuversichtlich: „Heute war gut ja / Bucher genommen bisschen gelesen / Wenn wir das oftermachen lernen wir mehr" (2843-2845). „Shami" greift dann den Vorschlag auf: „Ich kann khutbah mache / N/ Ich bin imam" (2846-2848). Schließlich gibt auch der „Amir" dem Vorhaben seinen Segen: „Ach so das meinst du ok in sha'a Allah Akhi" (2850).

Die Bezichtigungen, dem Unglauben anheimgefallen zu sein, gehen aber noch weiter; im Prinzip werden alle diejenigen, die jemanden oder etwas als *ṭāġūt* identifiziert haben und es dennoch weiterhin als muslimisch oder islamisch erachten, selbst zu Glaubensverweigerern erklärt. Der Vorwurf erstreckt sich nicht zuletzt auf Pierre Vogel (3293) und Ibrahim Abou Nagie (1270-1278), da sie den türkischen Staatschef Erdogan für einen Muslim halten, sowie auch auf saudische Gelehrte wie Ibn ʿUṯaymīn (gest. 2001). Letzterer sei ein *ṭāġūt* (4351), weil er die saudische Obrigkeit für muslimisch hielt. Auch gefallene afghanische Soldaten seien keine Märtyrer, sondern *ṭawāġīt* (5424), vermutlich deshalb, weil sie ihm Auftrag eines gewählten Parlamentes im Einsatz waren.

Wie oben erwähnt, dient auch die Anerkennung bzw. Ablehnung des „Islamischen Staates" zur Unterscheidung von Freund und Feind. „Shami" fragte im Verlauf des Gesprächs, ob der Prediger „Abu Dujana", der mit dem Gedankengut der Millatu Ibrahim sympathisierte, ein „kafir" (d. h. vom Glauben Abgefallener; 3546) sei, was der „Amir" mit „Ja wallahu a'lam", d. h. „Ja, und Gott weiss es ambesten" (3549) beantwortete. Eine Begründung hierfür scheint erst gar nicht nötig. Der Hintergrund dieser Bewertung ist, dass „Abu Dujana" sich von seinen einstigen Mitstreitern Mohamed Mahmoud also „Abu Usama al-Gharib" und Denis Cuspert, alias „Abu Talha al-Almani" distanzierte, da diese sich von der al-Qaida ab- und dem IS zugewandt haben. Entscheidend dafür, ob jemand in den Augen der Gruppe Muslim ist oder nicht, ist hier also allein die Frage nach dessen Haltung zum IS. Es ist daher nicht einmal mehr nötig, die wahhabitischen Quellen auch nur im Ansatz inhaltlich zu kennen. An späterer Stelle der Chat-Diskussion fragt „Shami":

„Mohammed ibn Abdul wahab / Ist der gut“ (4644-4645) und „Turki“ antwortet mit einem knappen „Ja“ (4646). Jegliche inhaltliche Auseinandersetzung entfällt.

Wie eine solch ideologische Parteinahme fundamentalste Prinzipien der islamischen Lehre untergraben kann, wird an dieser Situation deutlich, in der das Gruppenmitglied „Shami“ für einen Moment die Praktiken des IS hinterfragt, nachdem er einen Hadith gelesen hat: „Ibn Abbas sagte:“Tötet keine Frauen, Kinder, ältere Personen oder Jemanden, der sich weigert gegen euch zu kämpfen.“ (Tafsir at Tabaari 2:190) / □ / Also macht dawla was falsches“ (3996-3998). „Turki“ leuchtet dieser Schluss nicht ganz ein, weshalb er zurückfragt: „Wieso?“ (3999). „Shami“ postet daraufhin erneut den obigen Hadith und „Turki“ bittet ihm zu einem Privatgespräch („Komm pn.“, 4001), in dem es offensichtlich darum ging, warum der IS doch im Recht ist.

2.5.3 Meinungsbildung bei rechtlichen und theologischen Fragen

Was den eigenen Meinungsbildungsprozess betrifft, so begibt sich die Gruppe durch die Ablehnung weiter Teile der Muslime in eine paradoxe Situation. Nahezu alle Quellen, die bei rechtlichen Fragen rezipiert werden, sind Internetseiten, die im Grunde auch von den Gruppenmitgliedern selbst nicht als islamisch akzeptiert werden dürften. Und doch bedarf es bei mehreren Fragen der Konsultation solcher Webseiten. Der Meinungsbildungsprozess entbehrt bei allen aufkommenden Fragen jeglicher Methode. Das Internet fungiert dabei als bloßer Lückenfüller. Es kompensiert die in der Gruppe verbreiteten Unkenntnisse über viele, den Islam betreffende Praktiken, Dogmen und Ideen, und hilft dabei, die eigenen Positionen zu diesen Aspekten zu rechtfertigen.

Die Einhaltung einer bestimmten Rechtsschule bzw. Methode wird überhaupt nicht für notwendig erachtet, und es scheint keinerlei Bedenken zu geben, sich bei den Rechtsschulen so zu bedienen, wie es einem gerade gefällt. „Turki“ stellte in der Gruppe die Frage: „Ey / Gibt es vllt fatwa / Von einer madhab / Die es erlaubt die Augen im gebet zu zumachen wenn man dadurch Ablenkung vermeiden will“ (242-245). Da keiner in der Gruppe eine Antwort schrieb, berichtete ein anderer die Zulässigkeit nahelegend von seinen eigenen Erfahrungen: „XXX hab die Augen zu gemacht als gestoert wurde, und es hilft sich auf das Gebet zu konzentrieren Alhamdulillah“ (248).

Bei der Berechnung der Gebetszeiten, bezieht sich „Turki“ auf eine Webseite, in der ʿAbd al-ʿAzīz b. Bāz (gest. 1999) in seiner Funktion als saudischer Großmufti zitiert wird. Die angegebene Seite zur Ermittlung der Gebetszeiten (3900)[18] steht dem saudischen Regime nahe und ist einer quietistisch-propagandistischen Strömung innerhalb des Salafismus zuzurechnen. So ist es eine nur eine Frage der Zeit, bis das Misstrauen gegenüber all den Internetseiten in der Gruppe selbst zum Gegenstand des Gesprächs wird. So fragte „Shami" nach der Integrität einer Internetseite: „Kann / Ich der Seiten vertrauen" (4034-4035), worauf er selbst die Antwort gab: „Eig kann man keinen traue" (4038). „Turki" ergänzte: „Wenn man wissen hat dann erkennt man die Fehler der Prediger" (4041). Schon zu einem früheren Zeitpunkt der Diskussion hatte „Turki" nichts gegen eine *fatwā* von Ibn ʿUṯaymīn einzuwenden, die sich mit der Frage beschäftigte, wie man sich verhält, wenn man ein Gebet verpasst hat. Es reichte ihm Ibn ʿUṯaymīn als als „Schaykh kafir ibn al-'Uthaymin" (2784) bzw. Glaubensverweigerer zu charakterisieren, ohne damit zugleich die *fatwā* selbst abzulehnen. Allen anderen dagegen würde „Turki" die aus seiner Sicht problematischen Seiten am liebsten verbieten: „Verbietet jeden uber den ihr rechte habt diese Seite islamfatwa zu benutzten… Da sind zwar auch fatawa von früheren Grossgelehrten aber auch von bin baz al Mushrik usw" (4353). Mit anderen Worten: Wenn einzelne Gruppenmitglieder nicht fundiert zu Problemen oder Widersprüchen Stellung beziehen können, sind sie gezwungen, auf Webseiten und Gelehrtenmeinungen zu verweisen, die sie paradoxerweise selbst ablehnen. Dieses Paradox wird innerhalb der Gruppe überdeckt, indem man exklusiv sich selbst das nötige Wissen zuschreibt, hinsichtlich der diversen Internetseiten das Richtige vom Falschen zu trennen, während anderen diese Fähigkeit abging. Dies ist natürlich keine Auflösung, sondern nur eine Verschiebung des Paradoxes; denn es ist ihr Nichtwissen, dass zum Aufsuchen von Gelehrten nötigt, während ihr vermeintliches „Wissen" dann wieder die selektive Bezugnahme auf Gelehrtenmeinungen legitimieren soll.

Dieses Gutdünken führt auch innerhalb der Gruppe zu Diskrepanzen. So kommuniziert z. B. „Shami" in einer Chatsequenz, dass er nicht wisse, wie er angesichts der vermeintlichen Tatsache, dass es keine Muslime mehr gebe, das obligatorische, gemeinschaftliche Freitagsgebet verrichten soll: „Zu Moschee gehen kann ich ja nicht mehr / Weil es keine gibt" (3261-3262). „Turki" versucht ihm aus dieser Situation zu verhelfen, indem er ihn zu überzeugen versucht, dass für das Gemeinschaftsgebet kurioserweise keine Gemeinschaft notwendig sei: „Bruder du kannst Trotztdem in einer jamat (d. h. Gemeinschaft, Anm. d. Autors) beten / Frag ein aus der Gruppe ob er mit dir betet" (3263; 3265). Shami scheint es aber nicht ausreichend zu sein, zu zweit das Gebet zu verrichten, um das Kriterium eines Gemeinschaftsgebets am Freitag zu erfüllen. Er erwähnt daher, dass er beabsichtige,

18 http://www.gebetszeiten.de/prayerTimes/method

eine bestimmte Moschee aufzusuchen (3272), woraufhin in „Türki“ eindringlich davor warnt: „Vallah haram (d.h. verboten, Anm. des Autors) / Dein jumaa wird dort nicht angenommen / Du darfst nicht hinter denen beten du hast bei Allah keine Entschuldigung / Du kennst ihren kufryat (d.h. ihre Glaubensverweigerungen) / Somit bist du nicht unwissend / Salafi sagte mal man wird selbst zum kafir wenn kan hinter kafir betet“ (3276-3277; 3282-3285). Es folgt eine Diskussion, bei der „Turki“ den „Shami“ zu überzeugen sucht, dass er nicht in einer Moschee beten darf. Der „Amir“ greift dann in das Gespräch ein und fragt: „Mit wie viel Personen wollt ihr beten und wo?“ (3301). „Turki“ antwortet: „Zu 2te. Das reicht als jamaa. Gibt fatawaa“ (3302). Der „Amir“ hält das Argument für unzulässig und erklärt: „Nein 3“ (3304). „Turki“ aber verteidigt seine Ansicht: „Ich vertrete die Meinung / Bruder es gibt fatawaa das 2 reichen / Bis ein beweis das widerlegt“ (3306-3008), doch der „Amir“ geht darauf nicht mehr ein, schließlich hat er das letzte Wort. „Turki“ beharrt aber in seiner Notlage darauf, dass es möglich sei, zu zweit das Freitagsgebet zu beten: „Wie sollen wir in 5mim eine finden es reichen 2“ (3315). Daraufhin betet „Turki“ mit einem anderen Gruppenmitglied das Freitagsgebet zu zweit. Der Amir ist sichtlich erbost von diesem Schritt: „Kann mir mal einer erklären wieso ihr das ohne meine Anordnung geplant habt ?“ und droht mit einem Ausschluss (3319; 3320).

Diese Diskussion zeigt nicht nur, wie willkürlich innerhalb der Gruppe Meinungen über gottgefällige religiöse Praktiken entwickelt werden, sondern auch, wie unbefriedigend die argumentativen Versatzstücke sind, wenn es mal darum geht, zu begründen, wie einem tatsächlich religiösen Gottesdienst ordentlich nachzukommen ist. Jeder Diskutant der Gruppe kam in dieser spirituellen Notsituation zu einem anderen Schluss: „Shami“ wollte in einer Moschee mit einer ordentlichen Gemeinschaft das Freitagsgebet verrichten, *obwohl* sie eigentlich keine richtigen Muslime seien, womit er impliziert, dass diese irgendwo doch noch muslimisch sind. „Turki“ beharrt auf der Exklusion und entgegnet ihm, dass es ausreichend sei, sich zu zweit zu treffen, um das Freitagsgebet zu halten und beruft sich dabei auf nicht näher angegebene Rechtsgutachten. Und der „Amir“ schließlich legt selbst ohne irgendeine Referenz fest, abgesehen von seiner eigenen „Autorität“, dass es mindestens drei Personen sein müssten. Hinsichtlich des obligatorischen Gemeinschaftsgebets am Freitag gab es daher unter den drei Diskutanten unterschiedliche Ansichten. Es wäre fast zu einem Ausschluss aus der Gruppe gekommen.

Der Disput verdeutlicht außerdem, wie einfach alle Normen und Bräuche von der Doktrin der Glaubensabsprechung (*takfīr*) ausgehebelt werden können – ein symbolischer Federstrich genügt. Es entsteht so ein rechtsfreier Raum, in dem im Grunde jeder mit dem Verweis auf irgendeine *fatwa* oder Internetseite eine bestimmte Meinung begründen kann. Das zeigt sich nicht zuletzt bei der Frage, die ein Gruppenmitglied mit dem Beinamen „Akhi" (d.h. Bruder) an die Runde richtet: „Ist spicken eigentlich erlaubt? Zaehlt das nicht als Betrug?" (2080). Die Frage wird in der Gruppe allerdings nicht groß erörtert. Es ist „Shami", der ihm hier ganz salopp erklärt: „Mit den kuffar kannst du alles machen" (2081). Und wenn nun nahezu alle *kuffār* sind, kann man mit allen alles machen.

Lediglich die Glaubensverweigerung muss davon ausgenommen bleiben. Ein gutes Beispiel hierfür ist ein Gedanke, den „Turki" im Chat äußert. Es geht um eine islamische Bücherei, in der es viele Werke gab, die sich dieser nicht leisten konnte: „Ich habe viele Bücher dort beobachtet konnte sie aber leider nicht alle kaufen..." (4287). Um doch noch an diese Bücher zu gelangen, schlägt „Turki" dann vor: „Ich habe eine Idee....... / Wir testen Aqida und wenn sie durchfallen ghanima.." (4228-4229). „Turki" scheint davon auszugehen, dass die Ladenbesitzer den Test ohnehin nicht bestehen würden, wenn sie ihm unterzogen würden. Daher sieht er sich berechtigt, eine „ghanima" (arab. ġanīma), d.h. Kriegsbeute einzunehmen. Eine kriminelle Handlung wird durch diesen Zug islamisiert und damit gerechtfertigt. Der „Amir" allerdings lässt dies nicht gelten, woraufhin „Turki" beteuert, dass es nur „ein scherz" (4292) gewesen sei.

2.5.4 Träume und Traumdeutung als Mittel der Selbstvergewisserung

Da es in der Gruppe eine eklatante Ignoranz elementarster Kenntnisse zur Islamischen Theologie gibt und gleichzeitig keinerlei Methode zur Herleitung islamisch begründeter Positionen, braucht es Wege zur gegenseitigen Selbstvergewisserung. Entsprechende Zweifel, die diese Vorgehensweise betreffen, wurden innerhalb der Gruppe ebenfalls diskutiert. Schon zu Beginn der Chat-Diskussion meinte „Akhi":

> *„Ich finde wir sollten diese Sache komplett abbrechen, lass uns mal erst In sha Allah an unser Ahlaq und Adab arbeiten. Hab mir vorhin die letzten 200 Narichten der Gruppe gelesen ich kann locker sagen mehr als 90% prozenr davon war ueberflussig, einiges sogar beschämend. Lass In sha Allah an uns selbst arbeiten und der jammah paar schrauben festigen danach In sha Allah weil ich vertraue es einigen einfach nicht zu diese aufgabe zu uebernehmen. Lass In sha Allah uns gemeinsam alle treffen und diesem treffen mit der absicht wissen anzueignen angehen und nicht irgendwas unnötiges..yani ich finde die gruppe ist einfach zu instabil wir sollten In sha Allah durch das streben wissen, ahlaq und adab etwas Licht in die sache bringen" (1786)*

Die erforderliche Ernsthaftigkeit ist innerhalb der Gruppe immer wieder ein Thema, da die Mitglieder häufig miteinander albern und offenbar selbst nicht immer so ganz so von der Sache überzeugt sind. Nach mehreren Monaten der Selbstkonditionierung beginnen die Mitglieder damit, sich sonderbare Träume zu erzählen. Die erste diesbezügliche Erzählung wird vom „Amir" in die Gruppe gepostet. Dabei handelt es sich um den Traum eines IS-Kämpfers aus Mosul, der am 12.11.2015 in Ohnmacht fiel. Während man ihn im Krankenhaus für tot hielt, erlebte er alle Verheißungen des Paradieses und beschrieb dies in blumigen Worten. Der Kämpfer berichtet, wie er im Traum dem Propheten begegnet sei, der ihn angewiesen habe, sich an den IS zu halten, um die Moschee in Jerusalem zu befreien, und dass er alle warnen würde, die sich nicht dem IS anschlössen. Als der IS-Kämpfer dann aufwachte, berichtete man ihm, dass er im Traum in feinstem Hocharabisch gesprochen habe. Da er allerdings kaum arabisch sprach, offenbarte schon dies den Charakter dieser Erzählung als Zeugnis eines Wunders (3535).

Alle Gruppenmitglieder gaben sich sehr gerührt von dieser Geschichte. „Akhi" kommentierte es als erster: „Allahu Akbar, bei Allah meine Augen sind feucht, meine Hände zittern und ein kalter Schauer lief mir über den Nacken..Bei Allah so eine Glückselligkeit im Herzen hatte ich als ich dies gelesen hatte..Barak Allahu Feek wa Jazzam Allahu Khairan edler Bruder, dass du uns diese wundervolle und atemberaubende Nachricht übermittelt hast.." (3538). „Shami" konnte es zunächst nicht glauben: „Ist das wahr? / Erstmal dachte ich, es sei ein Fake, aber bei Allah dieses Gefühl beim lesen war einfach unbeschreiblich schön." (3543-3544). Der „Amir" versicherte ihm, dass alles authentisch sei: „Die Beschreibung was er gesehen hat etc war alles Hassan. Der Bruder, möge Allah mit ihm zufrieden sein, ist Sahih und es gibt viele shuhada' As sadiqin" (3548). Und von sich selbst sagt der „Amir", dass ihm diese Geschichte alle Zweifel über die Richtigkeit ihrer Sache genommen hat: „Akhi das hat alle shubuhat befreit bei mir Alhamdulillah" (3552) und „Akhi" pflichtet ihm bei: „Bei mir auch Alhamdulillah" (3553).

Hiernach beginnt die Gruppe, sich ihre eigenen Träume zu erzählen. Den ersten Traum hatte „Shami": „Ich hatte heute einen krassen traum / Bzw mehere" (3889-3890): „ Guck der erste Traum / Ich War mit abdur razzaq und wir hatten Frauen :D" (3892). „Turki" berichtete danach auch von seinem Traum: „Ich habe geträumt das ich dawa mit meiner Mutter mache" (3897). Der „Amir" deutet ihm diesen Traum: „Möge Allah dich segnen. Man nennt das ‚Wahrhaftiges Traumgesicht'. Alles was du träumst ist klar und passiert auch in der Realität. Halte an den guten Sachen fest, und wende das, was du in deinen Träumen lernst, in der Realität an." (3899). Darauf antwortet ihm „Turki": „Möge Allah dich ebenfalls segnen bruder. In shaa Allah ich danke dir. Ich hoffe ich träume mehr von sowas und ich hoffe das dass Zeichen sind“ (3900). Den ersten Traum, der mit einer Botschaft Gottes an die Gruppe verbunden wird, hatte allerdings der „Amir“ selbst:

> *„Bushra Lakum ! / Assalamu alaykum wa rahmatullahi wa Barakatuh Ikhwati ‚Aziz. Es gehört zur Sunna des Gesandten sallallahu ‚alayhi wa sallam dass man die guten Träume weitererzählt. So habe ich eine große Gnade von Allah bekommen. Nachdem mein Iman schwacher wurde und ich mehr in Sünden steckte, bat ich Allah um Rechtleitung und um die Wahrheit. Ich habe nachdem ich ohne einen Wecker zum Fajr Gebet aufgestanden bin und das Gebet verrichtet habe eine extreme Anziehung ans Bett empfunden. Ich lag mich und subhanallah ich merkte es nichtmal und ich bin eingeschlafen. Ich habe von unserer alten Villa geträumt, von meiner Familie und von einem Regen welches in unser Haus gekommen ist. Danach träumte ich und das war des intensivste Teil des Traumes, dass ich Muhajir geworden bin. Ich habe weinend die Mujahidin und Muhajirin umarmt und dann sah ich Talha. Subhanallah ich fragte ihn, so wie wir uns für gewöhnlich gegenseitig befragen „Ajhi wie ist es so wenn die Drohnen über einen fliegen ?“ Und er sagte „da wird einem mulmig“ o. ä. / Das heißt: / Talha war schon vor mir da, und ich werde dem ruf nachfolgen. / Ich danke Allah für diesen Traum und bitte Ihn um mehr rechtschaffene Träume.“ (5703)*

Etwa eine Woche später wird die Gruppe verhaftet

2.5.5 Das Autoritätsproblem

Wie bereits gesehen, wird Authentizität inszeniert und Gelehrsamkeit dort in Anspruch genommen, wo sie nicht vorhanden ist. Es handelt sich also nicht bloß um einfache Unwissenheit, sondern gewissermaßen um ihre Steigerung. Sie basiert darauf, dass die Beteiligten sich ihrer nicht bewusst ist. Innerhalb der Theologie spricht man hier von einer multiplen Unwissenheit (ǧahl murakkab), die sich ihrer selbst nicht bewusst und gerade deshalb in ihre maßlose Ignoranz ins Unermessliche steigert. Da wahres Wissen nur innerhalb der Gruppe vorhanden sein kann, gleichzeitig aber de facto nicht vorhanden ist, kommt es zu massiven Schwierigkeiten in der Herausbildung einer Autorität innerhalb der Gruppe. Der „Amir“ bemüht sich immer wieder darum, bei den Chatgesprächen das Letzte Wort zu haben. Den Chat stellte er sich, wie er schon gleich zu Beginn zu erkennen gibt, eher als nur in eine Richtung fließenden Kanal vor, den er für Ansprachen an die Gruppe nutzen will: „Ich schreibe in sha‘a Allah paar Sachen auf, so lange bitte nix rein schreiben. Wenn ihr was wollt, dann sagt mir privat bescheid ich werde es dann mit rein bringen. Barakallahu Fikum" (11). Im Laufe des Gesprächs stören ihn daher jedoch die immer wieder aufkommenden Erörterungen innerhalb der Gruppe und er versucht diese weitestgehend einzuschränken: „Und bitte nur schreiben, wenn eure Nachricht relevant sind für das Gespräch. Barakallahu Fikum." (733). Dies ist ihm besonders dann wichtig, wenn er der Gruppe etwas mitteilen will: „Bitte jetzt nichts schreiben ich poste video in einer reihe." (967). Seine Inhalte sollen nicht in der Kakophonie untergehen. In diesem Sinne ähnelt dies der Situation einer Freitagspredigt (schon zu Beginn mimte der „Amir" den Kalifen al-Baghdadi bei seiner Freitagsansprache nach), bei der alle Anwesenden der Ansprache des Vorbeters zuhören sollen und Reden nicht gestattet ist. Die Forderungen nach Unterlassung der Gespräche seitens des „Amirs" werden im Verlauf immer schärfer: „Ikhwan lasst das unnötige Gerede in der Gruppe. Macht eine spezielle Gruppe dafür, oder regelt es privat" (1031). Nach vielfachen Ermahnungen schreibt ein Gruppenmitglied beinahe mitleidsvoll: „Aber ich finde wir sollten „Amir" (Name geändert, Anm. d. Verf.) / Bisschen mal gehorchen / Nix unnötiges hir schreiben" (1553-1555). Irgendwann beginnt der „Amir" mit der Suspendierung aus der Chatgruppe zu drohen:

> *„Akhi wir müssen alle lernen. Die ‚Aqida, den Fiqh etc. wir leben nicht in den Ländern des Islam, oder im islamischen Staat, wo diese gewissen Kenntnisse selbstverständlich sind. Wir werden lernen, und ich werde bis Samstag einen Plan machen. Yani wer wird was machen in der Gruppe. Ich werde suspendieren wenn es sein muss und ich will jetzt von euch dass ihr die Regeln einhaltet. Bis 1:30 dürft ihr noch schreiben in der Gruppe, dann ist Nachtruhe. JazakumAllahu khairan kathira wa barakallahu Fikum. Wenn noch was ist, dann bin ich privat erreichbar." (1800)*

Nachdem jemand aus der Gruppe dann fragte: „Ab wie viel uhr duerfen wir wieder schreiben?" (1806), rudert der „Amir" zurück:

> *„War ein kleiner Scherz, ihr könnt wenig schreiben, aber bitte nicht viel. Wir müssen respektieren, dass einige schlafen wollen. Wenn ich merke dass hier zu viel geschrieben wird, dann werde ich das aber einführen" (1810)*

Die Einschätzung darüber, was unnötiges Gerede ist und was nicht, wird selbst Gegenstand einer Diskussion. Der „Amir" ermahnt wieder einmal: „Ikhwan ihr sollt aufhören unnötig zu schreiben, und Sachen vom Islamischen Staat zu senden." (2723). Ein Gruppenmitglied beteuert hierzu: „Wir schreiben nicht unnötig / Hir gehts um awidah / Aqidah" (2724-2726), also um etwas Wesentliches. Der

„Amir" aber bleibt dabei: „Das ist zu tiefst unnötig." (2727). Mit zunehmender Einschränkung fürchtet auch der Amir, dass er es zu weit getrieben habe. Nach dessen abermaligen Ermahnung „Ikhwan bitte keine unnötigen Sachen schreiben." (3165) verlässt ein Mitglied die Chatgruppe, ohne dem „Amir" auf dessen Frage nach dem „Warum" (3168) zu antworten. Ein weiteres Mitglied kommentiert das Geschehen: „Die jamaa wird gestaltet" (3173) soll heissen: die Gemeinschaft wird gespaltet. Nach dem Rückzug des Gefährten wird in der Gruppe die vermutete Ursache für diese „Spaltung" diskutiert, ohne dass die Gruppe zu einem Ergebnis gelangt wäre: „Mann kann ja eine Gruppe machen wo man rede" (3188) – „Ja genau / Manchmal will ich einfach quatschen privat dann schreib ich den Bruder / Privat fertig" (3190-3192).

Für den „Amir" bleibt die Chatgruppe aber kein Forum des Austauschs, sondern der Verkündigung: „was wir müssen als Gruppe entscheide immer noch ich, also bitte mir privat schreiben und nicht einfach sowas in den Raum schmeißen" (3972) und dann noch deutlicher: „Keiner darf noch was schreiben. Das ist ein Befehl. Ich werde ein Text schreiben so lange will ich dass keiner hier schreibt. Barakallahu Fikum" (3931). Und so wie schon der erste Beitrag des „Amirs" im Stile einer „Predigt" beginnt, so beendet er auch seinen letzten Auftritt in der Gruppe mit einer Ansprache, die den Duktus einer Predigt nachbildet. Bei ihr handelt es sich gewissermaßen um sein persönliches Testament", in dem er seine Nachfolge regeln möchte.

2.6 Fazit in Thesen

1. Die Rekonstruktion islamischer Gegenstände in den Chats zeigt, dass alle Gruppenmitglieder offenkundig nur über rudimentäre oder gar keine Islamkenntnisse verfügen. Selbst die Gestaltung einfachster ritueller Alltagshandlungen – wie z. B. die Verrichtung des Pflichtgebets – ist Teilen der Gruppenmitglieder nicht bekannt. Es kann daher davon ausgegangen werden, dass die Mehrzahl der Gruppenmitglieder in einem religionsfernen Milieu sozialisiert wurde.
2. Die Islambilder der Gruppenmitglieder ergeben sich aus einer Collage verschiedener Elemente. Neben diversen Internetquellen spielen offenbar auch Gerüchte und darauf basierende Mutmaßungen eine erhebliche Rolle. Die Diskussionsergebnisse sind stark durch gruppendynamische Prozesse beeinflusst. Sie wirken mitunter inkohärent und widersprüchlich.
3. Das Islamverständnis der Gruppenmitglieder ist maßgeblich durch Propagandaprodukte dschihadistischer Gruppen geprägt. Der „Islam" wird im Kern

verkürzt auf eine gewaltlegitimierende Religion, die sich gegen innere und äußere Feinde wendet.

4. Die Gruppe befindet sich in einem sukzessiven Selbstisolationsprozess. Ursache hierfür ist wesentlich das von der dschihadistischen Propaganda übernommene Takfir-Prinzip, welches besagt, das alle Personen, die nicht in vollem Umfang die jeweiligen Gruppenauffassungen vertreten als „Kuffar“ angesehen werden sollten.
5. Die Gruppenmitglieder zeigen in den aufgeführten Chatprotokollen ein instrumentelles und eklektizistisches Verhältnis zu den Traditionsbeständen der islamischen Religion. In einem Prozess des sich zuspitzenden Fehllesens werden Zitationen aus Koran und Sunna genutzt und überwiegend dazu missbraucht, der Selbsterhöhung und Selbstermächtigung zu dienen.
6. In Gänze betrachtet konstruiert die Gruppe nach dem „Lego“-Baustein-Prinzip einen Gruppenkult, der in all seinen zentralen Aussagen auf Willkür beruht und als krude und einfältig bezeichnet werden kann. Schlichte Parolen, Gewaltverherrlichung, plastische Dschinnvorstellungen und „Emir“-Gehabe mögen vielleicht als eine Variante jugendlicher Kontrakultur betrachtet werden können, sie bilden aber kaum noch Elemente einer islamischen Religiosität ab.

Zum Löwen werden
Radikalisierung als jugendkulturelles Phänomen

3

Andreas Zick, Viktoria Roth und Fabian Srowig[19]

„Wir sollten das affige Benehmen zur Seite legen und uns endlich wie Löwen benehmen"

3.1 Einleitung

Spätestens seit den Terroranschlägen in New York am 9. September 2011 und der darauffolgenden Nachrichtenberichterstattung ist ein großer Teil der Weltbevölkerung mit dem Begriff „Jihad" im Kontext von Terror und Radikalisierung vertraut. Das Alltagsverständnis, das Verständnis von Terrorgruppen und ein theologisches Verständnis unterscheiden sich dabei oft hochgradig. Jihad bedeutet im eigentlichen religiösen Sinn sich für ein gottgefälliges Leben anzustrengen oder zu kämpfen, wird aber von den meisten islamistischen Gruppierungen als ein Glaubenskrieg zwischen den Religionen interpretiert (vgl. z. B. Cook 2005). Zum damaligen Zeitpunkt schienen die Grenzen noch klar zu sein: Islamistische Terroristen stilisierten sich als ‚Gotteskrieger', die mit allen Mitteln gegen die ‚Ungläubigen', ihre Demokratie und westlichen Werte kämpften, um ein reines islamisches Kalifat unter den Gesetzen der Scharia[20] zu erschaffen. Zumeist traten sie in Regionen oder Ländern auf, die von Armut, Krisen und Gewalt geprägt waren. Einzelne ideologische Führer, vor allem in islamistisch geprägten Ländern, indoktrinierten vor allem junge Männer, die ihr Leben ohne weiteres für Gott gaben, um sich nicht mit einer perspektivlosen Zukunft auseinandersetzen zu müssen. Terroranführer wie Osama Bin Laden entsandten Gefolgsleute gen Westen, um die Grauen des Schlachtfeldes in die Herzen der westlichen Zivilisation zu tragen. Mit ihren

19 Der Beitrag ist eine Gemeinschaftsleistung und geht zu gleichen Anteilen auf die Autorin und die Autoren zurück.

20 Scharia bezeichnet die Gesamtheit der Werte und Normen, an denen sich Musliminnen und Muslime im Sinne einer gottgefälligen Lebensführung orientieren.

Selbstmordattentaten wurden sie in den Augen ihrer Bewunderer zu Märtyrern, die selbst heute noch verehrt werden (vgl. Neumann 2015).

Die Antwort der westlichen Länder und Koalitionen war ein proklamierter „Krieg gegen den Terror" in Afghanistan und im Irak. Die mit der Proklamation verbundene Botschaft, dass der Krieg sich nicht gegen den Islam, sondern gegen den Terrorismus richte, sollte die Legitimations- und Propagandastrategie der Jihadisten unterlaufen. Denn deren Agitation rechtfertigte Terrorakte, indem sie den Jihad-Begriff dazu benutzte, Gewalt als logische und moralische Konsequenz eines authentischen Islam zu rechtfertigen. Nichtsdestotrotz fand die Idee eines internationalen „Jihad" zunehmend auch Anhänger*innen in den westlichen Industrienationen. Einzelne Personen reisten an die Fronten des Glaubenskrieges, zunächst nach Tschetschenien und Waziristan, später nach Syrien und in den Irak, um zum Gotteskrieger bzw. zum „Mudschahid" zu werden.

Mittlerweile – also noch zu Beginn des Jahres 2017 – wandelt sich das Bild: Der sogenannte „Islamische Staat" (IS) hat im Gegensatz zur Al Qaida signifikante Territorien in Syrien und im Irak unter seine Kontrolle gebracht. Mit der Ausrufung des Kalifats schlossen sich tausende vor allem junger Menschen aus Westeuropa, Nordafrika und dem mittleren Osten dem IS in Syrien und Irak an. Zugleich wird der Krieg gegen die terroristischen Gruppen mit enormem Aufwand betrieben und weite Teile der IS-Gebiete sowie Territorien anderer Gruppen zurückerobert. Der IS steht unter Druck und wird geografisch zerrissen, was den Druck auf die Terrorzellen erhöht, ausländische ‚Krieger*innen' zu mobilisieren und zu rekrutieren.

Die erste Generation deutscher Ausreisender in die Grenzregion von Pakistan und Afghanistan war im Altersdurchschnitt etwa in den mittleren Zwanziger Jahren, ideologisch gefestigt und bereits seit Jahren in der extremistisch-salafistischen oder islamistischen Szene aktiv (vgl. Heerlein 2014).[21] Auch die Mehrheit der deutschen Syrienausreisenden kommt auf einen Mittelwert von 26 Jahren, wobei die zahlenmäßig größte Altersgruppe der Ausgereisten zwischen 22 und 25 Jahren liegt (vgl. Bundeskriminalamt 2016).

Im Zuge der signifikant angestiegenen Zahl der Anschläge und der Entwicklungen der Terrorgruppen hat sich nicht nur die Radikalisierung verändert, sondern zugleich die Informationen über den Jihadismus und die Radikalisierungsdynamiken.

---

21 Nähere Erkenntnisse hierzu liefern erste Forschungsbefunde des vom „Bundesministerium für Familie, Senioren, Frauen und Jugend" geförderten Verbundprojekts „Junge Menschen und gewaltorientierter Islamismus". Das Institut für interdisziplinäre Konflikt- und Gewaltforschung (IKG) der Universität Bielefeld führt in Zusammenarbeit mit dem Institut für Islamische Theologie (IIT) und dem Deutschen Jugendinstitut (DJI) eine vergleichende Einzelfallanalyse der Radikalisierungswege verurteilter islamistischer Aktivisten durch (vgl. Srowig et al. 2017).

Medien, Praxisakteure und Wissenschaft zeichnen ein differenzierteres Bild der Radikalisierung junger Männer und Frauen, die sich dem gewaltbereiten Islamismus zuwenden oder zum Salafismus konvertieren. Sie stellen Fragen nach biografischen Brüchen, persönlichen Krisen, Attraktivitätsmomenten sowie nach dem Einfluss der sozialen Medien, der Gleichaltrigengruppe, der islamistischen Szene und der Ideologie. Wurde das Phänomen damals noch einheitlich als internationaler Terrorismus bezeichnet, sorgen heute Titel, wie "Phänomen Pop Dschihad" (Federl 2015), „Jihad as a Lifestyle" (Coolsaet 2015), „Jihad-Subkultur im Westen" (Pisoiu 2016) oder sogar „Jihad im Kinderzimmer" (Schenk 2016) vermehrt für Schlagzeilen. Die islamistische Ideologie stellt somit längst keine externe Bedrohung mehr dar, sondern ist Teil der westlichen Jugendkultur mit eigenen Protagonist*innen und Vorbildern.

Zum Teil ist der Wechsel der Kategorisierung vom Terror zum Jihadismus in den Massenmedien auch der angesprochenen Veränderung der Qualität der Radikalisierung bzw. der Terrorgruppen, -strukturen und -strategien geschuldet. So begannen Propagandisten der Terrorgruppen schließlich damit, eigene jugendkulturelle Elemente in die Rekrutierungs- und Mobilisierungspropaganda einzubauen (vgl. u. a. Liebig 2016; Frankenberger 2015). Das Internet ist daher auch voll von Angeboten für junge Menschen. Das „Digitale Kalifat" (vgl. Atwan 2016) ist eine Sozialisationsinstanz. Terrorgruppen in Europa forcierten die Entstehung eigener islamistischer Jugendkulturen und -milieus. In Deutschland war dies alles geradezu offen sichtbar am Beispiel der Lohbeger Gruppe in Dinslaken.[22] Immer stärker entwickelt sich mit der Globalisierung des Terrors auch ein Home-grown-Terrorismus und damit eine Radikalisierung von jungen Menschen in den Anwerbeländern. Jugendliche wurden immer interessanter und bedeutsamer für die Rekrutierung und Mobilisierung, um in Kampfgebiete auszureisen oder in ihren Heimatländern den globalen Jihad zu unterstützen oder gar Anschläge zu verüben.

Terrororganisation wie der IS scheinen sich durchaus bewusst zu sein, dass eine Rekrutierung und Mobilisierung junger Menschen in den westlichen Staaten nur gelingen kann, wenn sie mit ihren jugendkulturellen Bedürfnissen und Motiven abgeholt werden, selbst wenn das heißt, ihnen Freiheiten einzuräumen, die streng genommen der Ideologie des Islamismus zuwiderlaufen.

Viele praxisbezogene Projekte haben das früh erkannt und jugendkulturelle Angebote gemacht. Dabei ist die Entwicklung solcher jugendaffinen Angebote nicht nur schwierig, weil sie wissen müssen, was Jugendkultur ist, sondern auch, was gerade den gewaltorientierten Extremismus – im vorliegenden Fall den extremistischen Salafismus – für junge Menschen so attraktiv macht. Darüber hinaus müssen sie unter der Bandbreite möglicher Faktoren, die auf die Radikalisierung

22 Siehe hierzu die Berichterstattung zur Lohberger Brigade (u. a. Opitz/Raus 2016).

wirken, den spezifischen Anteil ‚normaler' jugendkultureller Entwicklungs- und Sozialisationsfaktoren herausfiltern. Sie müssen differenzieren zwischen dem, was extremistische Radikalisierung ist und was ein jugendspezifisches Phänomen der Sozialisation ist. Das wird dadurch erschwert, dass das Phänomen des Salafismus in Deutschland bislang mit unterschiedlichen Begriffen – unter anderem „Islamismus", „Islamischer Fundamentalismus", „islamischer Extremismus", „Jihadismus" oder „Neo-Salafismus" – erfasst und aus verschiedenen wissenschaftlichen Disziplinrichtungen beschrieben wird. Es mangelt an Empirie gestützten Publikationen zu salafistischen Gruppierungen (vgl. Hummel et al. 2016).

Das vorliegende Kapitel knüpft methodisch und konzeptionell an diese herausfordernde Ausgangslage an. Die Analyse der Radikalisierung der hier untersuchten Jugendgruppe soll von einem spezifischen Extremismusbegriff gerahmt werden. Dies ist auch deshalb sinnvoll, um nicht Radikalität und Extremismus gleichzusetzen. Wir bezeichnen den Begriff Islamismus, als eine extreme, fundamentalistische Auslegungsform des Islam, der das demokratische System sowie Wertepluralität ablehnt und Gewalt zur Durchsetzung einer homogenen, gottgefälligen, politischen Ordnung legitimiert. Anhänger*innen dieser Ideologie stellen – anders als viele andere Muslime – die Scharia über alle von Menschen etablierten gesetzlichen Grundlagen und sind häufig in jihadistisch-salafistischen Milieus anzutreffen. Diese sind nicht gleichzusetzen mit Salafisten. Islamismus wie Salafismus sind auch nicht identisch mit dem Islam und auch nicht dessen natürliche Sub-Kategorie. Denn dieser ist durchaus mit demokratischen Grundrechten vereinbar. Der Salafismus widerspricht zwar in weiten Teilen den Grundwerten einer demokratischen Gesellschaft, doch bezieht nur eine Minderheit der Akteure im salafistischen Umfeld gewaltbereite Positionen. Seine Entstehung verdankt er historischen, ideologischen und politischen Kontexten, die oben bereits ausführlich dargelegt worden sind (vgl. Kapitel 1).

Auf der Grundlage des exklusiven Datenmaterials gilt es nun im Rahmen dieses Beitrags zu erörtern, was genau jugendspezifisch an der Radikalisierung ist und wie ein vereinfachtes Weltbild, wie es islamistische Gruppierungen vertreten, zur Bewältigung altersspezifischer Problemlagen beitragen kann. Vor dem Hintergrund der aufgeworfenen Fragen soll aus einer jugendsoziologischen Perspektive heraus beschrieben werden, inwiefern radikal-islamistische Inhalte mit jugendkulturellen Elementen gewissermaßen verschmelzen.

Nachfolgend wird zunächst das der Untersuchung zugrundeliegende Verständnis von Jugendkulturen und radikalem Islam dargelegt, um darauf aufbauend die Ergebnisse der qualitativen Inhaltsanalyse des WhatsApp-Gruppenchats darzustellen. Den Abschluss bildet ein Resümee, in dem die erarbeiteten Ergebnisse diskutiert und zu einer zentralen These zusammengeführt werden. Zum Einstieg in die Analyse, sei eins vorausgeschickt: Bei der analysierten WhatsApp-Chatgruppe handelt es sich um eine männerbündische Gleichaltrigengruppe bzw. Peergroup von rund ein Dutzend theologisch nicht oder nur gering versierten Jugendlichen, die sich im Zuge ihrer adoleszenztypischen Sinn- und Identitätssuche einer radikal-islamistischen Ideologie verschrieben haben.

3.2 Jugendkulturen und extremer Islam

Jugendkulturen bieten Freiräume, in denen sich Jugendliche durch spezifische Symbole und Ausdrucksformen ausprobieren können. Sie richten sich gegen den gesellschaftlichen Mainstream und können kollektiv erfahrene Problemlagen aufgreifen. Sie dienen als Instanz der persönlichen und kollektiven Identitätsbildung, des Generationenkonfliktes, der Infragestellung von Traditionen und der Verselbstständigung gegenüber der Elterngeneration (vgl. Wensierski/Lübcke 2007: 285f.).

Vermehrt wird der Salafismus bzw. Neo-Salafismus in Deutschland als eine Jugendkultur bezeichnet, mit eigenen stilistischen Elementen in Mode, Musik und Sprache. Die salafistische Ideologie gibt es zwar seit mehr als hundert Jahren, doch ist sie erst seit etwas mehr als zehn Jahren in der deutschen Gesellschaft vertreten (vgl. Toprak/Weitzel 2017: S. 47). Doch was macht eine Ideologie, die extreme Ansichten vertritt und alle Lebensbereiche reguliert, für im Westen sozialisierte junge Menschen attraktiv? Dieser Frage kann man sich fernab theologischer Diskurse annähern, indem man das Phänomen aus einer jugendsoziologischen Perspektive betrachtet.

Die Adoleszenz markiert den Übergang von der Kindheit in das Erwachsenenalter. Sie ist eine Lebensphase, in der junge Menschen mit einer Reihe von kritischen Lebensaufgaben an die Selbst- und Fremdsozialisation konfrontiert sind (vgl. u. a. Abels/König: 2010). Dazu gehören die zunehmende Selbständigkeit, eigene Entscheidungen zu treffen und vor allem die Aufgabe, eine Identität bzw. ein Selbstkonzept zu entwickeln. Ein verunsichernder Faktor für Heranwachsende kann hierbei die Vielfalt angebotener Möglichkeiten in der individualisierten Gesellschaft sein.

Gerade an diesem Punkt kann eine radikal-islamistische Ideologie aufgrund ihres einfachen Weltorientierungssystems einen Gegenentwurf zur Komplexität der Gegenwartsgesellschaft bieten und komplizierte Zusammenhänge auf einfache Antagonismen von „Gut“ und „Böse“ reduzieren, die wiederum Jugendlichen Identität und Sicherheit bieten können (Böckler/Zick 2015: 104).

Die Religion steht bei der Hinwendung Jugendlicher zum Salafismus nicht immer im Vordergrund, sondern eher die Zugehörigkeit zu einer exklusiven

Gruppe sowie die Provokatic [illegible] grenzung zu der Mehrheitsgesellschaft. In einer pluralistischen demok [illegible] esellschaft, in der sexuelle Vorlieben frei ausgelebt werden können, bie [illegible] ektive Enthaltsamkeit eine radikale Form der Abgrenzung und ein gro [illegible] ationspotenzial. Die Askese und die Rückbesinnung auf die Altvorder [illegible] m Salafismus propagiert wird, verbunden mit einem selbstbewussten g [illegible] ftlichen Auftreten, gelten in der heutigen Zeit als Rebellion (vgl. El-M [illegible] 016). Jugendliche erfahren diese deutlich radikalere Form der Religios [illegible] ensatz zur Elterngeneration als Ausdruck der Eigenständigkeit und Sel [illegible] nung. Das Praktizieren des „wahren Islam" im Sinne der salafistischen A [illegible] einhaltet bei Jugendlichen mit Migrationsbiografie die Abwertung, Ge [illegible] ung und Ablehnung des kulturislamischen Religionsverständnisses der Elterngeneration. Insbesondere aber bei Konvertit*innen besteht ein erheblicher Kontrast zum Lebensstil der Eltern. Für Außenstehende ist allein schon die demonstrative Veränderung des äußeren Erscheinungsbilds, die mit der Übernahme einer salafistischen Lebensweise einhergeht, auffallend (vgl. El-Mafaalani, 2016: 82f.; Inan 2017: 116f.).

Auch die in der salafistischen Szene typische Kleidung dient zur Abgrenzung vom nicht-salafistischen Umfeld. Des Weiteren stellt das Tragen religiös konnotierter Kleidung vor dem Hintergrund der gesellschaftlichen Debatte, ob der Islam zu Deutschland gehört, ein Erkennungsmerkmal dar, welches große Aufmerksamkeit auf sich zieht und in Teilen der Öffentlichkeit Befremdung oder Angstgefühle erzeugen kann (vgl. El-Mafaalani 2016: 83). Obschon Salafisten sich in der Religionsausübung, in der Glaubenspraxis und im Kleidungsstil subjektiv an altvordere Muslime orientieren, wie sie vermeintlich zu Zeiten des Propheten Muhammad gelebt haben, entstammen viele ihrer Lifestyle-Attribute (zum Beispiel die Selbstdarstellung mittels Rhetorik oder Kleidungsstil) unverkennbar der HipHop-Szene. Erkennungsmerkmale, wie das Tragen von Hoodies mit Kapuzen, „New Era"[23] Kappen mit weißer Schrift auf schwarzen Hintergrund oder Narrative, wie Ausgrenzung, Diskriminierungserfahrungen und Rassismus, sind Thematiken die in der HipHop-Szene seit den 90er Jahren behandelt werden. Eine schwarze New Era Kappe mit weißem arabischem Schriftzug kann (und soll wohl auch) den Betrachter provozieren, weil sie schon durch ihr Design an die Flagge des sogenannten Islamischen Staates (weißes Glaubensbekenntnis vor schwarzem Hintergrund) erinnert. Extremistische Prediger und Vertreiber solcher szenespezifischen Produkte

23 New Era ist ein US-amerikanischer Hersteller von Kappen und dominiert insbesondere durch seine schlichte Verarbeitung und hohen Wiedererkennungswert den Markt in der HipHop-Szene.

beabsichtigen gerade diesen provokativen Effekt, um soziale Reaktionen zu erzielen und auch um die Jugendlichen stärker an sich zu binden.

Die Szenekleidung dient gerade in der Gleichaltrigengruppe als Ausdruck der Zugehörigkeit. Darüber hinaus bietet die Gruppe Orientierung für das eigene Verhalten und Auftreten. Die Interaktion und Sozialisation in der Peergroup ist notwendig, um die Jugendphase zu überwinden und den Status des Erwachsenen zu erreichen (vgl. Abels, 2008: 112). Personen stehen ihrem sozialen Umfeld, den Sozialisationsagenten, der Gleichaltrigengruppe und dem Gesellschaftssystem aber keineswegs passiv gegenüber, sondern sie nähern sich entsprechend ihrer individuellen Bedürfnisse den verschiedenen Kontexten aktiv an. Es handelt sich also um einen reziproken Interaktionsprozess zwischen dem Individuum und radikalen Kontexten. Biografische Wendepunkte und kritische Lebensereignisse können junge Menschen zusätzlich empfänglicher für eine aktive Hinwendung zu einer radikal islamistischen Religionsauslegung machen.

Radikalisierung wird demnach auch als ein Sozialisationsprozess verstanden, bei dem extremistische Glaubens- und Normsysteme in Diskursgemeinschaften und radikalen Milieus – wie im Falle der hier analysierten WhatsApp-Gruppe – verdichtet, reproduziert und über soziales Lernen tradiert werden und der seinen finalen Höhepunkt in einer radikalen Handlung erreichen kann (vgl. Zick/Böckler 2015).

Radikalisierungsprozesse in Gruppen sind jedoch keine einfachen, linearen Prozesse, bei denen ‚alles radikaler' wird. Insbesondere Jugendgruppen, die eine Radikalisierung bis zum Anschlag durchlaufen, sind nicht mit einem einfachen Modell der Gruppendynamik zu vermessen. Sie polarisieren Emotionen, Gedanken und Handlungen vor dem Hintergrund der Ausbildung einer kollektiven Identität, die auch und bisweilen vor allem dazu dient, jugendspezifische Herausforderungen zu bewältigen. Dies macht die Analyse des jeweiligen Prozesses einer bestimmten Gruppe umso bedeutsamer für das Verständnis von Radikalisierung wie auch für eine Prävention und Intervention, die eben solche Prozesse unterbrechen oder vorbeugen möchte. Selbstorganisierte extremistische Jugendgruppen, wie sie im vorliegenden Fall vorzufinden sind, sind für junge Menschen eine Sozialisationsnische, die letztendlich der Bewältigung von Entwicklungsaufgaben der Sozialisationsinstanzen und -agenten dient (Zick 2017). Darin sind sie ein Scharnier zwischen den ‚normalen' Herausforderungen für die Entwicklung von jungen Menschen in einer Gesellschaft, mit all ihren Entwicklungs- und Identitätsanforderungen, den Bedürfnissen und Motiven an Selbstbestimmung sowie der Freiheit und Entfaltung der Persönlichkeit. Wird Sozialisation als ein Prozess des Mitgliedwerdens in Gesellschaft verstanden, dann entspricht die Radikalisierung von jungen Menschen in geschlossenen, von ihnen digital wie analog konstruierten Gruppen, einer Möglichkeit der alternativen Sozialisation in radikalen Gegengesellschaften.

Dies wiederum veranlasst zu der Annahme, dass sich in extremistisch radikalen Gruppen sowohl Spuren von Jugendkultur als auch von Normalität, wenn auch einer verzerrten Normalität, wiederfinden lassen. Infolge einer zunehmenden Identifikation des Individuums mit einer radikalen Glaubensgruppe, verschiebt sich die eigene Wahrnehmung: Der Grund für die eigenen Probleme wird der ungerechten Behandlung der muslimischen Bevölkerung in der deutschen Gesellschaft und der Welt zugeschrieben. Die Glaubensgemeinschaft bietet subjektiv plausible Antworten auf individuelle Problemlagen und der Akteur kann die Schuld für die ihn belastenden Probleme externalisieren (vgl. Böckler/Zick 2015: 112). Je mehr sich das Individuum der Gruppe emotional verpflichtet fühlt und die kollektiven moralischen Normen und Regeln verinnerlicht, desto wahrscheinlicher wird die Ausführung einer radikalen Handlung – so auch bei der hier betrachteten Gesinnungsgemeinschaft, die entsprechend ihrer radikalen Islamauslegung einen Anschlag in Deutschland durchführte.

3.3 Qualitative Inhaltsanalyse des WhatsApp-Gruppenchats

Vor dem Hintergrund des zuvor skizzierten Verständnisses von Radikalisierung und der Beschäftigung mit Jugendkulturen bzw. der Jugend als besonderer Phase der Sozialisation, haben wir den WhatsApp-Gruppenchat analysiert und diskutiert. Im Fokus der qualitativen Auswertung des Chatprotokolls stand dabei (a) die inhaltsanalytische Aufarbeitung jugendspezifischer Kommunikationsinhalte, sowie (b) solcher Beiträge, die radikal-islamistische Themenbereiche, also ideologische Kommunikationselemente, offenlegen und (c) die Analyse von Gruppencharakteristika, wie z. B. Rollenfunktionen, Hierarchien und Dynamiken.

Das Datenmaterial. Der folgenden Analyse lagen umfangreiche Kommunikationsstränge mit 5.757 Einträgen, in Form von Text-, Bild-, Video- und Sprachnachrichten, in dem Gruppenchat des mobilen Instant-Messengers WhatsApp[24] zugrunde. In dem archivierten Chatverlauf, der sich über einen Gesamtzeitraum von vier Monaten erstreckte, tauschten die rund zwölf durchweg männlichen Jugendlichen

24 WhatsApp ist bei Jugendlichen aufgrund der Möglichkeiten der schnellen Informationsverbreitung, des Gruppenchats und der kostenlosen text-, audio- sowie videobasierten Kommunikation die meistgenutzte Applikation (abgekürzt App) auf Smartphones (Süddeutsche 2015).

im Alter von 16 bis 20 Jahren unter arabischen Pseudonymen Informationen aus, teilten Propaganda zum radikalen Islamismus, organisierten Treffen und planten ihren Anschlag. Der Gruppenchatverlauf bildet eine Phase ab, in der sich die Jugendlichen bereits unmittelbar in ihren Anschlagsplanungen befunden haben: die Entstehungsphase der Gruppe ist zu diesem Zeitpunkt längst abgeschlossen und eine erste Probesprengung[25] wurde bereits durchgeführt.

In dem Gruppenchat sind das Datum, die Uhrzeit und der Nutzername des jeweiligen Nachrichtenverfassers in chronologischer Auflistung nachvollziehbar.[26] Dessen ungeachtet weist die Kommunikation eher non-lineare und asynchrone bis quasisynchrone Kommunikationsstrukturen auf. Sie sind dadurch gekennzeichnet, dass verschiedene Gesprächsstränge und Themenfelder in kürzester Zeit parallel abgehandelt werden oder zusammenhängende Gesprächsabschnitte über mehrere Tage oder Monate hinweg geführt werden. Charakteristika der Keyboard-to-Screen-Kommunikation (vgl. Dürscheid/Frick 2014) – und zugleich Herausforderungen für die Analyse – sind erstens die schlagartigen Themen- und Sprecherwechsel, woraus zweitens über den gesamten Gesprächsverlauf hinweg inhaltliche und thematische Überschneidungen resultieren, welche drittens die Abgrenzbarkeit einzelner Gesprächssequenzen erschweren.

Das Analyseverfahren. Methodisch schließt die Arbeit an die inhaltsanalytische Forschungstradition an (siehe z. B. Mayring, 2010 [1983]). In einem mehrstufigen Verfahren der inhaltlich-strukturierenden qualitativen Inhaltsanalyse wurden aus dem gesamten Datenmaterial die wiederholt von den Gruppenmitgliedern eingeführten Themen- bzw. Inhaltsbereiche extrahiert und zusammengefasst. Auf induktivem Wege konnten die folgenden zentralen Kategorien erarbeitet werden: *Gruppendynamik, Beziehungen, (Jugend-)Kultur* sowie *Belohnungen und Lebensperspektiven.* Im Weiteren gilt es somit aufzuzeigen, wie Strukturen, Rollen und Hierarchien innerhalb der Gruppe konstituiert werden, wie die Themen der Intimbeziehung, des Lifestyles und der Ausreise in den Jihad von Mitgliedern in den Gruppenchat eingeführt werden und welche prototypischen Gesprächssequenzen oder einzelnen Chateinträge[27] sich für die jeweiligen Kategorien beschreiben lassen. Im Folgenden dokumentieren wir signifikante Kommunikationsinhalte und interpretieren diese.

---

25 Die Quelle kann aus Datenschutzgründen nicht angeführt werden.

26 Die Sequenzierung der einzelnen Beiträge erfolgt nach dem sogenannten Mühlenprinzip: die Nachrichten werden in der Reihenfolge angezeigt, in der sie zeitlich bei dem Chat-Server eintreffen (vgl. Storrer 2001).

27 Die ausgewählten Gesprächsstränge und Einzelbeiträge sind der besseren Lesbarkeit halber hinsichtlich der Rechtschreibung bereinigt. Zum Zwecke des besseren Verständnisses

3.3.1 Gruppendynamik

Gründung. Entscheidend für Gruppen und ihre Kommunikation ist der Beginn des Gruppenprozesses. Die Werte, Normen, Rollen und die Identität der Gruppe werden in der Gruppenbildungsphase gesetzt und an ihr orientiert sich die Gruppendynamik. Der Schüler A gründete die WhatsApp-Gruppe mit dem Namen „Helfer des islamischen Kalifats" (*Ansaar Al Khilafat Al Islamiyya*). Das erste und primäre Ziel war die Durchführung eines Sprengstoffanschlags in Deutschland. Die Gruppe war von Beginn an mit diesem Ziel verbunden, war also in gewissem Sinne eine Interessensgruppe, die durch die Zieldefinition im Sinne einer Norm die Grundlage der Identität bildete. In diesem Sinne war die Gruppe von Beginn an handlungsorientiert. Diese erste Phase der Normierung bzw. Zielverpflichtung prägt die Gruppe, ihre interne Kommunikation und die Regeln für den Umgang mit dem Kontext. Bestimmte Einstellungen, Ideologien, individuelle Motivlagen usw. wurden der Norm untergeordnet, auch wenn sie von den Mitgliedern immer wieder geäußert werden. Die Mitglieder wurden auf die soziale Identität einer Aktionsgruppe verpflichtet. Damit einher geht die direkte und klare Identifikation des Gruppenführers, eben Schüler A.

Es geht von Anfang an um Gewalt. Mit dem Beginn ist auch gesetzt, dass der geringe Spielraum zur Aushandlung von spezifische Rollenzuschreibungen und Funktionszuweisungen dem Anschlagsziel untergeordnet ist. Die Gruppenmitglieder werden durch Reglementierungen und durch die Sanktionierung von Abweichungen sowie durch immer wieder erfolgende Zielverpflichtungen auf Kurs gehalten. Es verwundert nicht, dass Schüler A nicht nur Gründer, sondern auch „*Amir*" der WhatsApp-Gruppe ist, was im arabischen Sprachgebrauch Admiral oder Befehlshaber bedeutet und im Kontext des Gruppenchats zusätzlich noch seine Funktion als Administrator definiert.

Unmittelbar nach der Eröffnung des Chats inszeniert der Amir die Gründung der Gruppe, der sogenannten „*Jama'a*", unter seiner Führung, mit dem Gründungsdatum nach arabischen Kalender, dem Ausruf seines kompletten islamischen Namens und seiner „ersten großen Ansprache" in Form einer Sprachnachricht. Wir nehmen an, dass diese intern gewählten Stilmittel an veröffentlichte Videobotschaften und Ansprachen ideologischer Führer, wie Abu Bakr al-Baghdadi oder Osama bin Laden angelehnt sind.

Zudem räumt der Amir sich bereits zu Beginn der Chatkommunikation das exklusive Recht der Bestimmung über gruppenintern zu diskutierende Themen

---

der Inhalte werden zudem religiöse Termini, sofern diese nicht bereits in der Analyse erläutert werden, in Form von Einschüben in den Zitaten übersetzt.

ein. Sofern also einzelne Mitglieder einen Austausch über konkrete Inhalte wünschen, sollen die entsprechenden Themen zuvor dem Amir über Privatnachrichten zugetragen werden, damit er diese, aus seiner Sicht in angemessener Weise zur Diskussion stellen kann. Damit richtet der autoritär orientierte Führer der Gruppe ein Kommunikationsnetzwerk ein, in dem er selbst der zentrale Knotenpunkt ist, über den maßgebliche Diskussionen und Entscheidungen laufen. Das Modell ist hoch funktional für ein singulär zu erreichendes Ziel, aber dysfunktional für die Gruppenkultur und das Commitment. Die Kommunikationsregeln erfordern Konformität und Uniformität von Beginn an.

Schon die Begrüßung gibt Aufschluss über die Dominanzstrukturen innerhalb der Gruppe, die sich über den gesamten Chatverlauf abzeichnen. A nimmt in der Chat-Kommunikation eine übergeordnete Rolle als Amir ein, die ihm bereits außerhalb des WhatsApp-Kontexts von den Mitgliedern zugeschrieben worden sein muss.[28] Seine Aktivität in der Gruppe zeichnet sich primär durch das Einstellen von Sprach- und Textnachrichten zur Ankündigung von Gemeinschaftstreffen oder zur Abhandlung religiöser Inhalte sowie durch das Zitieren islamischer Suren und Überlieferungen über den Propheten Mohammed aus. Zudem greift A immer dann maßregelnd in die Konversationen ein, wenn ein spontaner, scherz- und plauderhafter Austausch unter den Mitgliedern stattfindet. A reglementiert die Jugendlichen nicht nur im Kontext der WhatsApp-Gruppe, sondern ist bestrebt, über den Chat hinaus ihr islamkonformes Auftreten und Verhalten sowohl bei Gruppentreffen als auch im alltäglichen Leben außerhalb der Gruppe anzuleiten. Er begründet seine Vorgaben mittels selektiver Verweise auf den Koran oder auf die Sunna.

In dem vorausgehenden Kapitel von Dziri und Kiefer ist gezeigt worden, dass die theologischen Herleitungen des Amirs in ihrer Gesamtheit eine sehr pragmatische, wenn nicht gar willkürliche Kombination von islamischen Narrativen und ideologischen Fragmenten der IS-Propaganda widerspiegeln. Sie sind weitgehend dem Internet entnommen oder gar direkt aus dem Netz kopiert worden. Zudem belegen Dziri und Kiefer, dass alle Gruppenmitglieder lediglich über rudimentäre oder gar keine die islamische Theologie, Terminologie und Praxis betreffenden Kenntnisse verfügen. Das in den Chat eingebrachte Wissen des Amirs zeugt von erheblicher Unkenntnis, die der Gruppe jedoch nicht bewusst zu sein scheint. Denn A wird gerade angesichts seiner vermeintlichen Expertise zu Glaubensfragen,

28 An dieser Stelle sei darauf verwiesen, dass zu dem Zusammenschluss der Jugendlichen vor der Gründung ihrer WhatsApp-Gruppe keine Informationen vorliegen. Ebenso können die individuell-biografischen Entwicklungen und sozialen Kontexte, die zu der Hinwendung des Einzelnen zum radikalen Milieu beigetragen haben, auf Grundlage des vorliegenden Datenmaterials nicht nachvollzogen werden und sind somit kein Bestandteil der Analyse.

islamischen Begrifflichkeiten und Gebetspraktiken von den Jugendlichen als Führungspersönlichkeit akzeptiert und darüber hinaus als Rollenvorbild angesehen. Dies geht unter anderem aus Äußerungen, wie der nachfolgenden hervor, in der das Gruppenmitglied C seiner Bewunderung gegenüber der Person A in Wort- und Symbolsprache[29] besonderen Ausdruck verleiht:

C: *„⊠ [verliebt] Bruder du solltest ein Buch schreiben."*

Die Gruppenmitglieder versuchen arabische Begrifflichkeiten und islamische Ausdrucksweisen mit Hilfe des Amirs zu verstehen, ihr Wissen stetig auf Grundlage der von A empfohlenen Bücher und Prediger anzureichern und seine Handlungsempfehlungen im Alltag umzusetzen.

Dabei haben religiöse Elemente und Inszenierungen eine funktionale Rolle. Die Religiosität der Jugendlichen bemisst sich laut Pisoiu (2016: 2) im Grunde daran, inwiefern sich diese den Handlungsanweisungen und den kollektiv ausgehandelten Normen unterwerfen. Somit drücken die Jugendlichen ihre Religiosität ebenso wie ihre Zugehörigkeit durch ein starkes Konformitätsbewusstsein aus, welches in hoch kohäsiven Gruppen mit dem Fokus auf eine Gewalttat notwendig ist. Das islamkonforme Verhalten äußert sich beispielsweise in Debatten über die richtige Kleider- oder Berufswahl.

So stark Uniformität auch eingefordert wird, durch die strenge Selbstreglementierung der Jugendlichen ergeben sich in anderen sozialen Kontexten für einige Gruppenmitglieder zunehmend aber auch Probleme. So schränkt sich beispielweise ein Mitglied aufgrund seiner extremen Glaubensauslegung in seiner Berufswahl ein, indem er die Arbeit in einer Fastfood-Kette aufgrund des Vertriebs von Schweinefleisch verweigert. Ein weiterer Gruppenteilnehmer berichtet von immer wiederkehrenden Auseinandersetzungen im Familienkontext, die in der Kritik der Mutter an seiner radikalen Islamauslegung begründet seien.

Abgrenzungen. Eine derart stabile hierarchische Struktur innerhalb der Gruppe geht mit einem hohen Handlungs- und Entscheidungsdruck einher, der mit der Konkurrenz und Gegnerschaft zu anderen Gruppen begründet wird (vgl. Scherr 2010: 76). Die Ingroup wird maximal von Outgroups, den Feinden, gesetzt, um durch Abwertung von Outgroups den Selbstwert zu stärken, der mit der kollektiven

29 Smileys bzw. Emoticons stellen abstrahierte und karikierte Formen menschlicher Mimik dar. Studien zeigen, dass durch die Verwendung von Emoticons Emotionen transportiert werden, die mit den entsprechenden menschlichen Gesichtsausdrücken (lachen, weinen, schreien) verbunden werden (vgl. Imo, 2015; Arens/Nösler, 2014; Fandrych/Thurmair, 2011).

Identität der Gruppe verbunden ist (vgl. Zick 2005). Die Jugendlichen denunzieren zum Beispiel einen Facebook-Nutzer über die Meldefunktion, da er offensichtlich die Al-Nusra-Front, einen Ableger der Al Qaida in Syrien und Feind des sogenannten Islamischen Staates, unterstützt:

B: *„Habe einen drecks Nusra Boy gefunden."*
A: *„Ja hab auch gemerkt, dass der für Nusra ist."*
B: *„Hehe. Was für ein Hund. Lass uns den melden."*

Die Gruppe grenzt sich zur kollektiven Selbstverortung innerhalb der Gesellschaft und zur Schaffung einer kollektiven Identität ständig von gemeinsamen Feindbildern ab. Dies findet nach Annahmen der Theorie Sozialer Identität von Tajfel und Turner (1979; 1986) insbesondere dann statt, wenn Gruppen die Statusposition ihrer Gruppe als stabil und illegitim wahrnehmen und zugleich die Grenzen zwischen Gruppen in der Gesellschaft als undurchlässig betrachten. Im Chat-Verlauf wird diese Wahrnehmung der Gruppenposition in der Gesellschaft immer wieder reproduziert und damit am Ende die Gewalt als legitimer Akt der Revolution inszeniert. Dabei werden nicht nur einzelne Individuen sondern alle „nicht-islamischen" politischen Systeme, die nicht mit der Scharia herrschen, als „Feinde des Islam" bezeichnet. Dies ist nur möglich durch einen unverrückbaren Gewissheitsanspruch des eigenen von Gott inspirierten Weltbildes.

C: *„Wer kein Takfir*[30] *auf die Herrscher macht die nicht mit Scharia herrschen ist mit Konsens selbst ein Kafir. Denn er unterlässt den Takfir auf den Taghut [Götzen]."*

Obwohl der sunnagemäße Vollzug des *takfīrs* in der Regel nur durch Rechtsgelehrte und eine sogenannte *„Fatwa"* (Rechtsgutachten) möglich ist, erklären die Jugendlichen jeden, der den *takfīr* auf ihre Gegner nicht billigt, zum Ungläubigen. Die Gruppe der „Helfer des islamischen Kalifats" grenzt sich damit von Beginn an wiederholt von der deutschen Mehrheitsgesellschaft sowie von Christen und Juden, vor allem aber von anderen muslimischen Glaubensgruppen ab, die den Islam in ihren Augen nicht richtig ausüben. Die Ingroup-Outgroup-Differenz ist

30 Der arabische Begriff *takfīr* bedeutet „Anklage wegen Unglaubens" oder eine Art „Exkommunikation", die den Exkommunizierten zugleich für vogelfrei bzw. todeswürdig erklärt. Die *takfīr*-Praxis wird von jihadistischen Salafisten genutzt, um Personen oder Gruppen der Abkehr von der Religion zu bezichtigen und damit Gewaltanwendungen gegen ideologische Feinde – auch gegen andere islamische Glaubensrichtungen – religiös zu rechtfertigen (vgl. Bearman et al. 2000).

fundamental, wenn nicht total und die Kategorie all jener, die in die Outgroup fallen können, ist überbordend groß und breit. Eine hoch kohäsive und enge Ingroup wird von Beginn an von einer breiten und nahezu fuzzyhaften Outgroup abgegrenzt.

Sogar fundamentalistische Gläubige, die sich in den Augen der jugendlichen Gruppe blasphemisch äußern – wie etwa der deutsche salafistische Prediger Pierre Vogel oder der in Deutschland wirkende salafistischen Prediger palästinensischer Herkunft Ibrahim Abu Nagi – gelten als Ungläubige, sogenannte *kuffār* (= Plural von *kāfir*, d.h. Ungläubiger):

C: *„Pierre Vogel ist ein Kafir und sieht Herrscher wie Erdogan als Muslime."*
B: *„Wenn ich Abu Nagi sehe sag ich, dass der Kafir ist."*

Diese Differenz- und Grenzrhetorik verstärkt die Kohäsion der Gruppe, die sich damit immer stärker polarisiert bzw. radikalisiert. Denn Grenzsetzungen und Differenzierungsprozesse wie sie im Chat zu beobachten sind verlangen einen internen Druck. Doch auf der anderen Seite sind sie selbst als Individuen mit einer personalen Identität und als Jugendliche mitsamt ihren jugendspezifischen Bedürfnissen und Motiven gewissermaßen 24 Stunden am Tag durch ihre soziale Identität als selbstangemaßte neo-salafistische bzw. islamische Avantgarde definiert. Das erzeugt Konflikte an den Grenzen der Lebenswelten.

Grenzkonflikte. Die Grenzziehung geht mit sozialer Isolation der Mitglieder im beruflichen, schulischen und familiären Kontext sowie späterer Separation und Distanzierung einher. Dennoch reibt sie sich an der nicht immer zu vermeidenden Zugehörigkeit zu anderen Peers und den mit der Jugendphase einhergehenden Motiven und Bedürfnissen. Individuelle bzw. personale Bedürfnisse und Identitäten der einzelnen Mitglieder und Konformitätserwartungen sowie die kollektive Gruppenidentität und damit einhergehende Bedürfnisse stehen in einem Spannungsverhältnis. Immer dann, wenn persönliche Bedürfnisse mit den streng-religiösen Normierungen kollidieren, werden Aushandlungsprozesse über angemessene Ausdrucksformen und Verhaltensweisen angestoßen. Nachdem ein Mitglied offen Zweifel an der Ernsthaftigkeit der Gruppe äußert und dabei insbesondere die mangelnde Disziplin, Gehorsamkeit und Seriosität der ausgetauschten Inhalte einiger Teilnehmer kritisiert, wird eine Diskussion über die Funktion der Gruppe ausgelöst, die in der Aushandlung über das Einbringen von Humor mündet.

E: *„Hab mir vorhin die letzten 200 Nachrichten der Gruppe durchgelesen und ich kann locker sagen, dass mehr als 90% davon überflüssig war, einiges war sogar beschämend [...]"*

A: *„Du sprichst mir aus der Seele ya Akhi [oh, mein Bruder]. Jazak Allahu Khair [Möge Gott dir Gutes vergelten]. Aber Akhi [mein Bruder] ich sag doch nix anderes? Ich sage wir sind eine Gruppe von Muslimen, die zusammen sich wissen anreichern soll. Nur wir müssen uns orientieren, doch wenige hören, wenn ich z. B. sage macht dies oder das.“*

Ein weiteres Spannungsverhältnis ergibt sich an der gruppeninternen Grenze zwischen Mitgliedschaftsgruppe und Führungsperson. Der Anspruch des Amirs, eine religiöse Führungspersönlichkeit zu sein, wird zwar in der Gruppe nicht offen in Frage gestellt, doch werden die durch den Amir auferlegten „islamischen“ Normen und Regeln mitunter hinterfragt und anhand konkreter Beispiele mit religiösem Bezug ausgehandelt:

C: *„[…] zu viel Lachen ist schlecht, aber ab und zu aus Spaß ist ja in Shaa Allah [so Gott will] nichts Schlechtes. Deswegen hoffe ich sehr, dass nicht irgendwie ein Komplettverbot kommt bei sowas. Da rate ich auch Allah zu fürchten, weil man ja nichts verbieten darf, was Allah erlaubt hat. Was ich sagen will ist, man sollte die Mitte finden und der Amir muss natürlich mit der Scharia richten.“*

E: *„Spaß ist gut, solange man es in Grenzen hält. Aber wenn man es soweit treibt und die Grenzen überschreitet, dann kann der Spaß sehr schnell schamlos und beschämend werden. Lachen ist okay, man kann auch Witze erzählen, nur sollten wir es nicht übertreiben. Was das Verbot dessen angeht, habe ich nicht zu bestimmen sondern der Amir In Sha Allah.“*

Neben dieser Diskussion über humoristische Inhalte im WhatsApp-Chat, werden die Unterbindung der Verwendung von Smileys und das Einbringen von Inhalten, die auf eine radikal-islamistische Einstellung hindeuten, von der Gruppe vorübergehend befolgt.

A: *„Ikhwan [Brüder] unterlasst das unnütze Gerede. Und diese Smileys werde ich in sha'a Allah [so Gott will] nicht noch einmal sehen, sonst wird diese Person rausgeschmissen. Macht unseren Weg zum Erfolg nicht noch schwerer, als es schon ist. Ihr müsst nicht über solche unnötigen Sachen reden auf WhatsApp. Trefft euch, bespricht das untereinander.“*

F: *„Alle Smileys?“*

A: *„Frankreich Flagge, Mittelfinger etc.“*

F: *„Achso. Ja hast recht.“*

Wie sehr jugendkulturelle Elemente und jugendspezifische Bedürfnisse jenseits der Inszenierung einer radikalen Terrorgruppe bedeutsam sind und daher immer wieder in Radikalität transformiert werden müssen, zeigt sich im Chat, wenn die Gruppe sich jenseits der autoritären Ordnung der Führung bewegt. Der Amir ist bemüht, mit seinen vermeintlich elaborierten religiösen Beiträgen und Reglementierungen eine formelle Struktur des Gruppenchats zu wahren, die jedoch fortwährend von den anderen Gruppenmitgliedern durch private und informelle Unterhaltungen durchbrochen wird. A versucht die Mitglieder immer wieder auf die Ernsthaftigkeit der Sache einzuschwören und fordert, dass sie nun endlich Löwen werden, was sinnbildlich für den Mudschahid oder Jihadkämpfer steht. Die durchgängigen Reglementierungen und der Appell zu Gehorsam und Disziplin haben zur Folge, dass sich in der WhatsApp-Gruppe eine Fluktuation der teilnehmenden Mitglieder beobachten lässt. Einige Mitglieder verlassen die Gruppe, andere kommen dazu. Die Annahme liegt nahe, dass die autoritär-hierarchische wie auch punitive Kommunikation von A den Wechsel bedingt.

Austritte und Neuzugänge. Einige Mitglieder begründen das Verlassen der Gruppe mit konspirativem, auf Geheimhaltung beruhendem Verhalten gegenüber ihrem sozialen Umfeld. Ein zweiter Grund ist die mangelnde Einbeziehung individueller Bedürfnisse in die Gruppe bzw. die Unmöglichkeit diese im Rahmen der Ideologie zu kommunizieren. Solche Austritte sind für eine Gruppe, die sich qua Gewaltideologie und -tat definiert, brisant. Umso mehr versucht A den anderen Jugendlichen nicht nur in religiösen Fragen, sondern auch in persönlichen Problemlagen mit seinen Handlungsanweisungen und islamischen Geschichten Orientierung zu bieten.

Hierbei kann er sich auf wesentliche Charakteristika der islamistischen Ideologie berufen. Sie fördert nicht nur die Enthaltsamkeit von vielem, was Spaß bereitet, sondern soll alle Lebensbereiche der Jugendlichen bestimmen und beeinflussen. Als Gegenentwurf zur individualistischen, konsumorientierten, modernen Gesellschaft reguliert die radikale Ideologie alles, was als jugendspezifisch gilt (vgl. El-Mafaalani 2016: 83). Dies lässt sich an der Kommunikation der Chatgruppe deutlich ablesen und verwirklicht sich gerade aufgrund der engen Kommunikationsstruktur und der engen Grenzen in besonderer Weise. Die Aushandlung adoleszenztypischer Themen mit radikal-islamistischen Handlungsanweisungen lässt sich im Speziellen an dem im WhatsApp-Chat von einigen Jugendlichen geäußerten Bedürfnis nach einer intimpartnerschaftlichen Beziehung veranschaulichen.

3.3.2 Beziehungen

Die Spannung zwischen der Selbstbestimmung der Gruppenmitglieder hinsichtlich der gemeinsamen sozialen Identität und dem Anspruch auf die Realisierung von Bedürfnissen personaler Identitäten prägt die Sozialisation. Und die Identitätsregulation prägt wiederum die Versuche, Lebenswelten zu synchronisieren und in ein Gleichgewicht zu bringen. Mit Blick auf Motive der jungen Menschen der WhatsApp-Gruppe spielt der Beweggrund, enge und romantische Beziehungen eingehen zu wollen, eine größere Rolle. Er prallt gegen die bündische Welt einer in dieser Hinsicht beziehungslosen und sich radikal separierenden Gruppe. Dies führt dazu, dass die Gruppenmitglieder personale Bedürfnisse unter die kollektive Identität stellen und danach trachten, sich zu unterwerfen.

Im Chatverlauf grenzen sich die jugendlichen Gruppenmitglieder sowohl mit Blick auf gegengeschlechtliche romantische Beziehungen als auch hinsichtlich der Sexualität und des Heiratsverhaltens sowie schließlich in der Art ihrer Ablösung vom Elternhaus von der Mehrheitsgesellschaft ab. Die Abgrenzung erfolgt mittels strikter Selbstnormierung und -reglementierung und durch eine weitgehende Ideologisierung und Normierung des Alltagshandelns. Dies ist nicht zuletzt mit Bezug auf die sozialen Beziehungen zu relevanten Peergroups zu beobachten.

Ein Beispiel kann dies verdeutlichen: Aus dem Chat geht deutlich hervor, dass einige Mitglieder sich nach einer engen Beziehung sehnen. Sie suchen eine Freundin, die sie – so wird es kommuniziert – heiraten können, wie es der Islam ihrer Meinung nach vorschreibt. Einige leisten gar Bittgebete (*du'a*) für andere nach geeigneten Frauen suchende Gruppenmitglieder und fordern diese zugleich dazu auf Entsprechendes für sie zu tun:

F: *„Ich will mich bei euch bedanken. Dass ihr dua [Bittgebete] für mich gemacht habt."*

B: *„Ich hab nicht? Für was denn?"*

F: *„Dass ich auch eine Frau finde. Ich habe eine gefunden […]."*

B: *„Wieso findet ihr und ich immer nicht? Wie sucht ihr?"*

A: *„Brüder regelt das privat. Ich werde gleich eine Nachricht/Audio über diese Thematik verfassen."*

B: *„Auf Facebook oder wie?"*

F: *„Möge Allah dir 4 reine tugendhafte muslimische Jungfrauen geben. Amin. Amin. Amin [Amen]. □□ [verliebt]"*

A: *„Dieses Thema ist somit beendet, und ich will keine Nachrichten in dieser Gruppe darüber sehen. Möge Allah jedem das geben, was er tragen kann. Amin."*

F: *„Amin"*

B: *„Macht mal dua für mich. In sha allah [so Gott will]."*

A: *„Ich bat drum, dass dieses Thema geschlossen werden soll. Barakallahu Fikum [Gott segne euch]. Ich werde gleich was zu diesem Thema sagen. Will jemand, dass ich etwas Bestimmtes erwähne bzw. Tipps gebe? Dann schreibt mir privat."*

Das von den jungen Männern spontan geäußerte Bedürfnis, eine Frau zu finden, sorgt im weiteren Chatverlauf immer wieder für Aushandlungen, die gegen die eingangs vom Amir aufgestellten Diskussionsregeln verstoßen und von diesem mit nur mäßigem Erfolg unterbunden werden können. Im Rahmen der im oberen Chatverlauf angekündigten Nachricht greift A das Thema enge Beziehung auf und versucht, seine Interpretationen und Regeln zu vermitteln. Er verurteilt die vermeintlich in gegenwärtigen westlichen Gesellschaften bereits im frühen Alter üblichen gegengeschlechtlichen Beziehungen und bietet alternativ dazu religiöse Praktiken zur Steigerung der eigenen Frömmigkeit an:

A: *„Ich begrüße euch hiermit meine geliebten Brüder. [...] Wahrlich, die Zina [Ehebruch, Geschlechtsverkehr zwischen Unverheirateten] ist weit verbreitet, die Keuschheit ist fremd und selten, die Scham ist unangemessen und die Unverschämtheit existiert im Überfluss [...]."*
„Und subhanallah [Erhaben sei Gott] guckt raus? Zina, im Kindesalter! Wie sollen wir uns nur davor schützen? Was hat der mit dem meisten Wissen auf der Erde, Sayydina Muhammadun Mustafa Sallallahu ‚Alayhi Wa Sallam [unser Herr Muhammad der Auserwählte, Gott segne ihn und spende ihm Heil], uns armen Geschöpfen empfohlen? As Sawm Aw Nikah (Fasten oder Heirat). Du willst heiraten, doch bist nicht in der Lage es zu tun? Dann Faste. Das steigert dein Taqwa [Gottesfurcht] und hilft dir, das Schlechte in dir zu unterdrücken [...]."

Im weiteren Verlauf der Nachricht erläutert A die Gefahren, denen Muslime auf dem Weg zu einer islamischen Eheschließung begegnen können. Er fordert seine Glaubensbrüder zur vorehelichen Tugendhaftigkeit auf und verfasst konkrete Handlungsanweisungen in Bezug auf den Umgang mit weiblichen Kontakten.

A: *„...Kommen wir zum anderen: Nikah [Ehe]. Du willst heiraten, oh Bruder? Dann mache es islamkonform. Deine Heirat soll halal [nach islamischem Recht zulässig] ablaufen, und nach dem Maßstab des Qur'an und der Sunna, und nicht nach deinem Nafs [Ego]. Wie viele sind mit der Niyah [Absicht]*

des reinen (Nikah) rausgegangen (um zu heiraten), und sind mit der Tat des Üblen zurückgekehrt? Reicht es denn nicht als Ermahnung, dass es Geschwister gibt, die ihren Din [Religion, Glaube] stärken wollten und mit einer reinen Niyah heiraten wollten, doch danach durch ihr unislamisches Handeln in Zina [Geschlechtsverkehr zwischen Unverheirateten] verfallen sind? Reicht es denn nicht? Afala Ta'qilun (wollen sie denn nicht begreifen)? Lasse dir Zeit dabei. Fürchte Allah in Bezug auf dich und deinen Taten! Fürchte Allah! Fürchte Allah! Lösche die weiblichen Kontakte auf deinem Handy, entferne Frauen aus deiner Freundesliste bei Facebook etc. Bruder, frag dich selbst, würdest du wollen, dass deine Schwester SO ihren Ehemann kennenlernt? Oder deine Tochter? Über Facebook kennengelernt und dann sich ohne Wali [Vormund] ohne Mahram [jemanden, den man wegen einer Verwandtschaftsbeziehung nicht heiraten darf, z.B. der Vater oder der Bruder] getroffen und dann geheiratet, oder, im schlimmsten Fall nicht mal geheiratet? Bruder du wirst das schwer bereuen. Ich ermahne euch für unseren Schöpfer Subhanahu Wa Ta'ala [gepriesen und erhaben sei Er]. Ich ermahne euch, aufgrund meiner Erfahrung in diesem Themengebiet. Wenn ihr in sowas drin seid, so verlasst diese Angelegenheit für Allah. Ya Allah, reinige die Umma [Islamische Weltgemeinschaft] von diesem Unheil, verheirate die Jugend auf einem Weg, den Du, der Allmächtige, erlaubt hast. Ya Allah reinige uns, vergebe uns und mache uns zu aufrichtigen Dienern. Rabbana innana amanna. Faghfirlana dhunubana Wa qina ‚azab an Nar.[31]
29. Rabee' Al ‚Awwal [Name des Monats] Yawm al Ahad (Sonntag)."[32]

Gegengeschlechtliche Beziehungen werden den Gruppenmitgliedern nicht gänzlich untersagt, sie unterliegen jedoch strikten Reglementierungen, die sich an dem Dualismus von Erlaubtem (*ḥalāl*) und Verbotenem (*ḥarām*) orientieren sollen. Zudem werden sie deutlich ideologisiert, indem sie in den Kontext selektiver Verweise auf religiöse Quellen als Vorschriften gesetzt werden. A versucht, die Bedürfnisse an die Ideologie anzupassen. Dazu muss er Vertrauen und Glaubwürdigkeit zuge-

31 Unser Herr, wir glauben, so vergib uns unsere Sünden und bewahre uns vor der Strafe der Hölle. Koranisch (3:16).

32 Abgeschlossen wird die Ansprache des Amirs, wie bereits in der Einleitungssequenz, durch die Nennung des aktuellen Datums nach islamischem Kalender. „*29. Rabee' Al 'Awwal Yawm al-Ahad*" bezeichnet Sonntag den neunundzwanzigsten Tag im dritten Monat des islamischen Mondkalenders. Der Amir verwendet dieses stilistische Mittel immer wieder bei seinen Ansprachen. Auf Nachfrage, warum er unter den Text das Datum setzt, äußert er: „Weil es meine Art ist".

schrieben bekommen. Es verwundert nicht, dass sich A dabei nun auch auf eigene, biographische Erfahrungen bezieht, die jedoch nicht weiter konkretisiert werden.

Es überrascht, dass das restriktive Gendernarrativ der islamistischen Propaganda hier nicht eins zu eins rezipiert wird. Dieses Narrativ transportiert Warnungen vor Frauen, die als Auslöser der *„Fitna*" (Versuchung) gelten und die Gesellschaft in ihren Grundfesten bedrohen. Das stereotype oder auch sexistische Narrativ, demzufolge Frauen insofern eine Gefahr wären, als dass sie dazu neigten, Zwietracht zu säen, stammt wohl aus salafistischen Medien, in denen es vielfach kommuniziert wird. Prediger wie Ahmad Abdul Baraa warnen vor dem Rationalitätsverlust und der labilen Selbstbeherrschung von Männern angesichts weiblicher Reize. Abdul Baraa zufolge gefährde die Beziehung zu einer rechtmäßig geheirateten Frau sogar den Platz eines gläubigen Mannes im Paradies aufgrund der Vernachlässigung Gottes zugunsten der Gemahlin (vgl. Schröter 2015: 153).

Hier stellt sich die Frage, warum weder der Amir noch andere Gruppenmitglieder solche Warnungen aufgreifen. Grundsätzlich bieten sich unseres Erachtens zwei Interpretationen an: Entweder ist das Narrativ dem Amir und auch den anderen Gruppenmitgliedern nicht bekannt, oder sie ignorieren es an diesem Punkt (mehr oder weniger) bewusst, um das Versprechen auf Befriedigung sexueller Bedürfnisse aufrechtzuerhalten. Offenbar ist dieses Bedürfnis so stark, dass es sich nicht einfach ideologisieren lässt. Um die Polarisierung der Gruppe und die Radikalisierung zur Tat nicht zu unterbrechen, wird es also integriert.

Im Sinne der erfolgreichen Ausführung des Anschlagsplans, zu dessen Zweck die WhatsApp-Gruppe schließlich gegründet wurde, wäre mithin anzunehmen, dass der Amir jegliche Beziehung zum anderen Geschlecht als Gefährdung der eigentlichen Mission interpretiert und gänzlich zu unterbinden versucht hätte.[33] Und tatsächlich steht eine strenge Sexualmoral, die außereheliche Beziehungen als *„Zina*" und somit als Unzucht bezeichnet, im Vordergrund seiner Argumentation. Zugleich offeriert der Amir aber seinen Gefährten zum Zwecke des erfolgreichen Kontaktaufbaus mittels Sprach- und Textnachrichten scheinbar gottgefällige Handlungsoptionen und gibt Ratschläge zu arrangierten Eheschließungen:

A: *„Hört in sha'a Allah [so Gott will] die längere Audio an. Es geht um die Heiratsvermittlungen [...].*"

33 Entsprechend der in den salafistischen Medien wiederkehrenden Thematisierung der Frauen als Auslöser der „Fitna" könne der Jihad einen Ausweg aus dem Dilemma darstellen: Der Mann entgeht den irdischen Gelüsten, um im sinnlichen Paradies in den Besitz von 72 Jungfrauen zu gelangen (vgl. Schröter 2015: 154).

C: *„Bin dabei :D [glücklich; grinsen] Ma shaa Allah [wie/was Gott will]. Ikhwan [Brüder] bitte macht dua [Bittgebete] für mich, dass meine nikka [Ehe] auf halal Weg [nach islamischem Recht zulässig] klappt.“*
B: *„Ich mache jedes Mal nach Gebet dua für [C] und [F].“*
E: *„Möge Allah uns gottesfürchtige Ehefrauen geben sofern wir es selbst sind, amin [amen].“*

Gerade in einer Lebensphase, in der Unsicherheiten in Bezug auf den Umgang mit Frauen bestehen, wirken solche religiös begründeten Verhaltenskodizes, die in einer einfachen Dichotomie von richtig und falsch aufgehen, für Heranwachsende orientierend. Das mag zumal dann wirken, wenn sie ihnen den Eindruck vermitteln, zielführend zu sein. Nimmt man die sexuellen Bedürfnisse der jungen Männer ernst, so wird zudem deutlich, dass ihre Heiratspläne nicht zuletzt von solchen Vorstellungen über die sexuelle Verfügbarkeit der Frau geprägt sind, die im salafistischen Narrativ vermittelt werden.[34] Eine islamkonforme Heirat verspricht demgemäß die Aussicht auf erste Intimpartnerschaften und sexuelle Erfahrungen, ohne sich dabei dem Verdacht des schamlosen sexuellen Begehrens auszusetzen. Vor allem der sechzehnjährige B artikuliert über den gesamten Chatverlauf hinweg das Verlangen eine Partnerin finden zu wollen:

B: *„Macht dua [Bittgebete] für mich, dass ich schnell eine Frau finde.“*

B postet den Satz insgesamt achtzehn Mal in kurzen Abständen. Das spiegelt sein geradezu verzweifeltes Bedürfnis, wie zugleich ein höheres Maß an Frustration wider. Dies ruft auch bei anderen Gruppenmitgliedern Irritationen hervor:

A: *„Akhi [Bruder] hör auf.“*
B: *„Ok ma salam [auf Wiedersehen]. “ [B verlässt die WhatsApp-Gruppe]*
F: *„Ist er noch normal? :D“ [glücklich; grinsen]*

---

34 Beispielhaft für die salafistisch-jihadistischen Genderordnung, die auf der wortwörtlichen Übernahme koranischer Verse und popularisierter Hadithe beruht, sind drei Schriften: Erstens das Buch „Frauen unter dem Schutz des Islam“ bzw. „Die Stellung der Frau im Islam“, welches vom Arabischen in die deutsche Sprache übersetzt und im Jahr 2010 wegen der Aufforderung zu Gewalt verboten wurde (vgl. Al-Sheha o. J.). Zweitens das arabisch-sprachige Manifest „Women of the Islamic State“, das von der weiblichen Sittenpolizei des IS verbreitet wurde (vgl. Al-Khanssaa-Brigade 2015; Mohagheghi 2015). Drittens das IS-Magazin „Dabiq“. Eingehendere Ausführungen zu den sich gegen den westlichen Emanzipationsdiskurs richtenden islamistischen Gendernarrativen finden sich bei Günther (et al. 2016) und Schröter (2015).

C: *„Wtf?!"* [35]
F: *„Der braucht echt ne Freundin [Lachanfall]."*
A: *„Itaqillah [Fürchte Allah]."*
F: *„Ich meine Frau :D [...]."*
A: *„Subhanallah ikhwan [erhaben sei Gott, Brüder] kriegt euch wieder ein! Was soll das? Es reicht jetzt für heute. Keiner schreibt noch etwas in die Gruppe, außer es hat Relevanz!"*

Der Kommentar von F unterstreicht noch einmal, dass die Jugendlichen nur vordergründig eine heiratswillige, muslimische Frau suchen. Im Grunde geht es ihnen aber offenkundig darum, eine Freundin bzw. eine Sexualpartnerin zu finden. Aus den aufgezeigten Gesprächsabschnitten wird zudem ersichtlich, dass es sich beim Diskurs über die Eheschließung einmal mehr um eine Abgrenzungsrhetorik handelt, die einen moralischen Überlegenheitsanspruch der Gruppe gegenüber einer als verkommen, dekadent und materialistisch wahrgenommenen Gesellschaft begründet.

3.3.3 (Jugend-)Kultur

Nicht erst im Zuge der öffentlichen Terrorismusdebatten nach 9/11 und im Besonderen mit der Anschlagserie seit 2015 durch islamistische Terroristen in Europa, sehen sich viele der in Deutschland aufgewachsenen Jugendlichen mit muslimischer Biografie mit Vorurteilen und Stereotypen konfrontiert. Wie wir seit Jahren in den Studien zur Gruppenbezogenen Menschenfeindlichkeit zeigen (vgl. Zick 2016), ist nicht übersehbar, dass muslimfeindliche Vorurteile in der Bevölkerung weit geteilt werden. Die empfundene Bedrohung wirkt sich offenbar auf die Genese von Vorurteilen aus; und dies ganz ungeachtet der Tatsache, dass sich auch die Mehrheit der Muslime nach Umfragen großer Institute, wie dem PEW-Center, selbst vom Terror bedroht fühlt und die Legitimation von Terroranschlägen durch die Religion zurückweist. Die nach Anschlägen immer wieder aufflammenden vorurteilsbehafteten Debatten über die angebliche Terrorneigung des Islam sind für einige junge Menschen ausschlaggebend, um sich mit ihrer Religion und ihrer Herkunft auseinanderzusetzen. Aus der sozialpsychologischen Forschung zur Stereotypenbedrohung ist bekannt, dass Personen, die von Stereotypen bedroht sind, diese übernehmen können, um die Bedrohung loszuwerden (vgl. zur Übersicht Inzlicht & Schmader 2012). Trotz – oder gerade wegen – des negativen Bildes vom Islam

35 Die Abkürzung „Wtf" steht für den vulgären englischen Ausdruck „What the fuck", was in die deutsche Sprache übersetzt sinngemäß so viel wie „Was zum Teufel" bedeutet.

und ihres vermeintlichen Andersseins als Muslim*innen avancierte die Religion und/oder die soziale Herkunft bei mehr oder minder religiösen Jugendlichen zum zentralen Bestandteil ihrer Identität, die es gegen tatsächliche und vermeintliche Vorwürfe zu behaupten galt (Müller/Nordbruch 2016; El-Mafalaani 2016). Diese Bewegung kann durchaus emanzipatorische und integrative Züge annehmen, indem sie darauf abzielt sich individuell oder in Vereinen gegen die Diskriminierung und für die Anerkennung des Islam und der Musliminnen und Muslime in Deutschland zu engagieren. Problematisch wird es aber dann, wenn die Frage nach dem muslimischen Selbstverständnis von ideologisch gefärbten Antworten gespeist wird.

Jihad-Lifestyle. Die salafistisch-jihadistische Ideologieproduktion in Internetplattformen und -foren scheint die Stereotype und die emotionalen Zustände von Missachtung und Entwürdigung, die mit ihnen einhergehen können, zu nutzen. Simplifizierende Narrative, die einfachen Kategorisierungen und Differenzierungen in Muslime und Nicht-Muslime, Gut und Böse, Freund und Feind sowie der Vorgabe von Richtig und Falsch oder Erlaubtem und Verbotenem bilden dort die Grundlage der Propaganda. Sie werden in Bildern, Musik oder Videos propagiert und vermittelt. Dem Folge zu leisten bedeutet der salafistischen Propaganda zufolge ein „guter" Muslim oder eine „gute" Muslimin zu sein (vgl. Inan 2017; Klawe 2016; Müller/Nordbruch 2016). Die mediale Aufbereitung salafistischer Inhalte und Botschaften in Online-Netzwerken knüpft bewusst an westliche Rezeptionsmuster und -gewohnheiten (Social Media, YouTube, Videospiele etc.) der jugendlichen Adressaten an.[36] Die Art der Adressierung weckt Assoziationen mit gewalthaltigen Computerspielen, Actionfilmen oder Musikvideos der Rap-Szene, die gerade für männliche Jugendliche einen großen Stellenwert in ihrer Freizeitbeschäftigung einnehmen und dementsprechend eine hohe Anziehungskraft besitzen (vgl. Inan 2017: 108). So wird der Egoshooter „Call of Duty" zu „Call of Jihad". Ausreisende und Glaubenskämpfer werden in den propagandistischen Veröffentlichungen nicht nur zu vorbildlichen Muslimen, sondern mit cineastischem Aufwand zu (Action-) Helden stilisiert. Auch in der WhatsApp-Gruppe spielt dies eine gewichtige Rolle, weist aber auch gruppenspezifische Merkmale auf.

Die Gruppe postet im Chat aber nicht ausschließlich propagandistisches Material in Text-, Bild- oder Audioform, sondern tauscht sich auch über Filme und Computerspiele aus; so z. B. über den Film „Conjuring"[37], der dem Amir zufolge

---

36 Die Produzenten salafistischer Medienprodukte sind meist sogar in der westlichen Medienkultur sozialisiert (vgl. Prucha 2012: 45ff.).

37 Es handelt sich um einen US-amerikanischen Horrorfilm, in dem es um verschiedene paranormale Vorkommnisse und deren Vertreibung durch christliche Exorzismen geht.

„ein guter Film" mit *„wenig Haram Szenen"* sei oder über Computerspiele wie „Grant Theft Auto" (GTA)[38]. Im Chat gepostete religiöse Bilder und Texte werden von den Jugendlichen selbst mit Actionfilmen wie Mad Max assoziiert:

B: *„Dies ist ein echtes Foto welches in Damaskus, Syrien im Jahre 1889 erschossen wurde…Derjenige der getragen wird, ist ein christlicher Liliputaner namens Sameer…Derjenige der ihn trägt, ist ein blinder Muslim namens Mohammed…Sameer war abhängig von Mohammed, Mohammed trug ihn durch die belebten Straßen von Damaskus…Aber auch Mohammed war abhängig von Sameer, da Sameer in durch Hindernisse navigierte…Nur einer von ihnen war in der Lage zu gehen und nur einer von ihnen war in der Lage zu sehen. Sie waren beide Waisenkinder und lebten zusammen im selben Zimmer… Sie waren immer zusammen…Als Sameer starb, saß Mohammed Wochen lang in seinem Zimmer und weinte. Er verlor seine andere Hälfte und als Folge, starb er einige Wochen später, aufgrund seiner immensen Trauer… Dies war das Syrien unter Osmanischer/ Islamischer Herrschaft…"*

C: *„Erinnert mich an Mad Max."*

B: *„Wer ist Mad Max."*

C: *„Ist so ein Film wo genau sowas ist."*

Der Chat dokumentiert die jugendkulturelle Adaptation der jihadistischen Terrorideologien und Popkultur. Auch wenn die Jugendlichen die von ihnen konsumierten Medien filtern und auf die Vereinbarkeit mit ihrer religiösen Einstellung hin prüfen, nehmen sie die aktuellen popkulturellen Entwicklungen wahr und verknüpfen diese mit religiös-ideologischen Inhalten. So zeigt das folgende Beispiel, dass Gruppenmitglieder einige Videospielinhalte, die sie nicht sogleich in das Narrativ des Spiels einordnen können, mit religiösen Inhalten zu erklären versuchen:

Es scheint verwunderlich zu sein, dass A diesen Film mit seiner Bewertung „wenig Haram Szenen" für die Gruppenmitglieder „freigibt". Auch wenn sich der Film mit christlichen Exorzismen beschäftigt gibt es durchaus Parallelen zu der Vorstellungswelt der Jugendlichen. Auch sie sprechen in ihrem Alltag Schutzsuren aus, um sich vor den Einfluss der Djinn (Geisteswesen, die im Koran erwähnt werden) zu schützen. Eingehenderes zu der Bezugnahme auf die Djinnen findet sich in den Beiträgen von Jörg Hüttermann sowie von Bacem Dziri und Michael Kiefer in diesem Band.

38 GTA ist eine Computerspielserie, die Action-, Renn- und Third-Person-Shooter-Elemente enthält. Dieses bei Jugendlichen äußerst beliebte Videospiel wird gezielt vom IS in einem Propagandavideo genutzt: Stilmittel und Optik des Spiels werden in dem Video aufgegriffen, um Kriegserlebnisse aus der Sicht eines IS-Jihadisten, dessen Mission in der Verübung von Bombenanschlägen und Exekutionen besteht, nachzustellen (vgl. Frankenberger et al. 2015: 12).

E: *„Ikhwan [Bruder]. Ich hab grad bisschen Play Station gespielt."*
F: *„Ma shaa Allah [wie/was Gott will] :D [glücklich; grinsen]"*
E: *„Ich habe Schreie gehört. Zwei mal. Von Frauen."*
F: *„Von draußen oder im Spiel?"*
E: *„Es klang so, als wären sie direkt hinter meinem Ohr."*
F: *„:o [geschockt]. Cha man."*
E: *„Nein, vom Spiel war das nicht."*
F: *„Digga das macht mir Angst"*
A: *„ZB Kitāb, Kutūb, Fitna, Fitan, Nasiha, Nasā'ich, Nasihāt[39], Etc. [Buch, Bücher, Versuchung, Versuchungen, Ratschlag, Ratschläge, etc.] "*
F: *„Cin [Djinn = Geisteswesen, die im Koran erwähnt werden]."*
E: *„._. [erstaunt, verwundert]"*
F: *„Was für ein Spiel hast du gespielt? Akhi wallah [mein Bruder, bei Gott] ich hab grad bisschen Angst. Mach nicht so."*
F: *„GTA 5 akhi ich war am tauchen mitten im Ozean, woher soll da ne Frauenstimme kommen?"* [40]
A: *„Akhi [Bruder] suche Hilfe und Zuflucht bei Allah."*

Eine besondere Anziehungskraft übt auf die Jugendlichen der WhatsApp-Gruppe Gangsta-Rap-Musik aus. Die Gruppenmitglieder tauschen sich beispielsweise untereinander über das Album von Bushido und Schwesta Ewa aus oder bewerten die Rap- und Diss-Fähigkeiten[41] von Shindy und Spongebozz. Die Jugendlichen finden nicht nur den Habitus des Gangsta-Rappers gut, sondern auch Kampf-Naschids, also religiöse Kampfgesänge jihadistischer Gruppen. Sie sollen die ideologischen Narrative durch emotionale und künstlerische Elemente in den dazugehörigen Videos aufwerten und die Wirkung besonders bei einer jungen Zielgruppe verstärken (vgl. Said 2012). Dass diese Strategie bei der hier untersuchten Gruppe Erfolge erzielt, veranschaulicht das folgende Zitat:

B: *„Brüder auch nicht mehr so viel Naschid hören das macht echt süchtig."*

---

39 Ausführungen zu dem Begriff „Nasihat" finden sich bei Dziri und Kiefer (siehe Seite 41f.)

40 Bei dem von E beschrieben Frauengeschrei handelt es sich um ein spielinhärentes Element in Form einer unsichtbaren weiblichen Geistergestalt, die sich nur über Schreie bemerkbar macht.

41 Der jugendsprachliche Ausdruck „Dissen" bezeichnet das Verschmähen oder die respektlose Behandlung von Personen.

Was der Gangsterrap für die Hip-Hop-Szene bedeutete, nämlich die Vermittlung des Ideals, Mitglied einer gewaltbereiten Jugendgang zu sein, ist in etwa der „Jihad-Lifestyle" für die neo-salafistische Jugendkultur. Der bedeutsamste Akteur ist dabei der sogenannte Islamische Staat, der durch einen akkommodierten Musik- und Lifestyle in die jugendspezifische Lebenswelt eingepasst werden kann. Er zielt in den sozialen Netzwerken auf die Etablierung eines spezifischen Lebensstils, der sich durch spezifische Kleidung, Musik, Symbole, Medienkonsum und Sprachgestus kennzeichnet. Die Jugendlichen der WhatsApp-Gruppe stellen sich durch die Assimilation des „Jihad Lifestyles" nicht nur in dem sozialen Netzwerk Facebook dar, sondern präsentieren diesen auch in der analogen Lebenswelt.

Schließlich ist dem Chat zu entnehmen, dass die gemeinsamen Treffen über die unmittelbare Tatvorbereitung hinaus dazu dienen, bestimmte szenespezifische Produkte zu konsumieren, die Mitglieder nur in spezialisierten Fachgeschäften erhalten. Bei ihren Einkaufstouren sind allen voran Hygieneartikel, Lebensmittel und Bücher von Interesse.

A: *„Können wir uns Bücher und Siwak [Zweig zur Reinigung der Zähne] kaufen."*

A: *„Wir können uns ja gegenseitig kleine Geschenke machen wie zum Beispiel Misk [Moschus, Parfüm] oder so."*

Auch diese, für sich genommen banal, wenn nicht gar rührend anmutende Praxis ist letztlich der gruppenbezogenen Konstruktion des erstrebten Jihad-Lifestyles gewidmet.

Sprachkultur. Das Impression-Management erfolgt über die Verwendung eines spezifischen Sprachduktus. Die Jugendlichen bedienen sich des Code-Switchings zwischen der deutschen und arabischen Sprache, auch wenn die meisten Gruppenmitglieder des Arabischen keineswegs mächtig sind. Die Verwendung einzelner arabischer Begriffe, die auf einen religiösen Bedeutungsgehalt verweisen, dient sowohl dem tiefempfundenen Ausdruck einer besonderen Religiosität als auch dazu, die religiöse Reinheit zu inszenieren. Darüber hinaus signalisiert die religiös gefärbte Sprache aber immer auch die soziale Identität und Gruppenzugehörigkeit. Arabische Vokabeln, Musik und andere Elemente werden zu Identitätsmarkern eines kollektiven Selbstkonzepts, welches die Gruppe mit dem IS verbindet. Die entsprechenden arabischen Termini werden jedoch derart inflationär, sinnentleert und kontextungebunden verwendet, dass sie oftmals als leere Worthülsen erscheinen und somit als Form eines jugendkulturellen Sprachgebrauchs interpretiert werden können. So entstehen beispielsweise Satzkonstruktionen wie:

C: *„Ach du kacke....Da war ich murji[42] hoch tausend...“*

oder

G: *„Beide alhamdulillah stabil“*

Zu beachten ist, dass viele Jugendliche aus einem salafistischen Umfeld arabischsprachige Floskeln wie „alhamdulillah“ (Gott seid Dank bzw. gelobt sei Allah) oder „in scha Allah“ (falls Gott es will) völlig unabhängig von ihrem ursprünglichen Verwendungszusammenhang nutzen und diese in deutsche Sätze mit einfließen lassen. Der sprachliche Duktus des Chatprotokolls variiert dabei zwischen pathetischen sowie zum Teil floskelhaften islamischen Termini und jugendspezifischer Sprache. Die Vermischung jugendkultureller Elemente mit radikal-islamistischen Inhalten lässt sich nicht nur in dem spezifischen Sprachgebrauch identifizieren, sondern wird auch in dem Konsum bestimmter Kleidung oder Lebensmittel sichtbar:

C: *„Ich will so eine [Jallabiya übersetzt: Kaftan] haben wie die Löwen bei Daula [arabischer Name des IS] die zum Trainieren anziehen. Aber nicht aus dem Grund um die nachzuahmen, aus Fanboy like. Ich finde die einfach schön und mit der kann man sich besser bewegen falls ich mal damit raus gehe.“*

Die Betonung, die Kleidung werde aufgrund ihrer Funktion und ihres Aussehens benötigt und diene nicht zur Nachahmung der Kämpfer des IS, drückt zugleich die Distanzierung von eben jenen aus, die diese Kleidung vermeintlich nur deshalb tragen, weil sie äußere Stilmerkmale der islamistischen Bewegung imitieren wollen. Doch angesichts der Tatsache, dass C im gesamten Chatverlauf immer wieder seine Bewunderung für den IS ausdrückt, stellt sich die Frage, ob nicht zumindest in seinem Falle das Motiv der Nachahmung eine größere Rolle spielt, als von ihm behauptet.

Kleidung. Im Gegensatz zu anderen Gruppenmitgliedern besitzt der Amir islamische Kleidung. Er postet Bilder von sich und wird daher in Bezug auf den Kleidungsstil für die anderen zum Vorbild.

A: *„Ikhwan beige Jalabiya (Gewand) und brauner Turban sehen zusammen so Bombe aus subhanallah (erhaben sei Gott).“*

---

42 Entsprechend der Ausführungen von Dziri und Kiefer: „Muslime, die auch diejenigen zu Gläubigen erklären, die eigentlich Ungläubige seien“ (ebd., S. 47).

Im Zuge dieses Bildertausches und der darauf bezogenen Kommunikation orientieren sich die Gruppenmitglieder hinsichtlich ihres äußeren Kleidungsstils mehr und mehr aneinander (vgl. Tillmann/Fleischer/Hugger 2014: 177).

Internetprofile. Diese Selbstdarstellung findet nicht nur in dem geschlossenen Gruppenchat, sondern auch auf ihren öffentlichen Profilen in sozialen Netzwerken statt.

B: *„Ist mein Profilbild gut?"*
F: *„Ehrliche Meinung?"*
B: *„Ja."*
F: *„Nicht gut."*
B: *„Wieso?"*
F: *„Weil ich das von einem Terroristenvideo gesehen habe."*
A: *„Akhi man sieht nicht viel. Ist gut finde ich."*

Die Jugendlichen suchen in der geschlossenen Gruppe Bestätigung und vergewissern sich, dass über ihre Profile ihre Einstellung und ihre Unterstützung des IS zum Ausdruck gebracht werden. Einige Gruppenmitglieder, die sich nicht in Zurückhaltung üben, stoßen aufgrund ihrer auffälligen Profilbilder auch in den sozialen Netzwerken auf Kritik und Widerspruch. Zudem diskutieren sie mit Gleichaltrigen über die richtige Islamauslegung oder melden Feinde, die sie in ihrer Wahrnehmung ausspionieren oder die offensichtlich Unterstützer der „Al Nusra Front" sind. Andere Gruppenmitglieder plädieren dagegen aufgrund eigener Erfahrungen für einen dezenteren Auftritt in der Öffentlichkeit, da sie bereits in der Vergangenheit aufgrund der öffentlichen Zurschaustellung ihrer radikalen Einstellung mit Problemen konfrontiert worden sind.

E: *„Macht doch euer Profil auf privat und nehmt keine Freundschaftsanfragen von Unbekannten an. Habt nicht so auffällige Profil- und Titelbilder."*
D: *„Aber nochmals ikhwan [Bruder] dieses Thema Syrien, hijra*[43] *und jihad bringt überhaupt nix öffentlich zu sagen wallahi [bei Gott]!!!"*
D: *„Aber unnötig darüber schreiben bringt nix nur Probleme. Ich war früher auch so und habe viele Probleme dadurch bekommen in Facebook. Mittlerweile nicht mehr, einfach keine Angriffsfläche bieten."*

---

43 Eingehende Ausführungen zu dem Begriff „Hijra" befinden sich in dem Abschnitt 3.3.4 ‚Belohnungen und Lebensperspektiven' (siehe Seite 87).

Eines der Gruppenmitglieder war eine lange Zeit auf Facebook unter dem Pseudonym „Rächer der Islamfeinde"[44] aktiv, verbreitete über sein Profil islamistische Propaganda und verhöhnte die Opfer der Attentate in Paris. Darauf wurde auch die Lokalpresse aufmerksam und berichtete. Dessen konspirative Vorgehensweise und auch das Vorgehen der Mitverschwörer in den sozialen Medien und ihr klandestines Auftreten in der Öffentlichkeit zeigen, dass die Gruppenmitglieder die Kontrolle über die eigenen Emotionen sowie ein entsprechend „reiferes" Benehmen anstreben. Die dabei zum Zuge kommenden Tugenden helfen darüber hinaus der gesamten Gruppe, die Tatvorbereitungen durchzuführen, ohne durch äußere Interventionen davon abgehalten zu werden.

Sehnsuchtsorte. Der Austausch über Bücher und der Kauf neuer Texte dienen der Aneignung weiteren Wissens. Doch auch wenn der Konsum bestimmter Güter und Inhalte ihre Bedürfnisse temporär befriedigt, erträumen sich die Jugendlichen all ihre Handlungen an ihrem Sehnsuchtsort in Syrien zu vollziehen.

> A: *„Ma sha'a Allah [wie es Gott beliebt], kalte Milch. Akhi in sha'a Allah [mein Bruder, so Gott will] zusammen in Sham [Bezeichnung für das historische Großsyrien] kalte Kamelmilch trinken mit Datteln."*

Syrien wird in den Worten und Erzählungen der Jugendlichen zu einem Sehnsuchtsort stilisiert, in dem sie ihre (Heils-)Aspirationen, die in Deutschland eine Ursache für Diskriminierungs- und Frustrationserlebnisse in der Schule, Familie und anderen Orten sind, ausleben können. Die alltäglichen Probleme der Jugendlichen würden in der Gesellschaft des sogenannten Islamischen Staates an Bedeutung verlieren. Außerdem könnten sie in Syrien ein nach ihrer Vorstellung islamkonformes Leben führen. Die Identifikation, Konformität, Hingabe und Aufopferung für die Religion, die Ausreise und/oder der Beteiligung am internationalen Jihad wird mit Anerkennung und der Erhöhung des Selbstkonzeptes und des sozialen Status belohnt. Das Selbst wird ‚aufgeblasen', um die Gewaltneigung zu erhöhen (Baumeister, Smart & Boden, 1996). Dabei erinnern die von ihnen verwendeten idyllischen Beschreibungen und Metaphern in auffälliger Weise an die jihadistischen Propagandavideos des IS. Die Kommunikation der Sehnsucht, am Jihad teilnehmen zu wollen, ist somit schon immer auch ein adaptiertes „Lifestyle-Element" der salafistisch-jihadistischen Bewegung und nicht bloß, wie die Beteiligten sich selbst glauben machen wollen, die logische Konsequenz ihres Bemühens, den wahren Islam zu leben.

---

44 Zur Wahrung der Anonymität des Jugendlichen wurde das Pseudonym sinngemäß abgewandelt.

3.3.4 Belohnungen und Lebensperspektiven

Die Ausreise nach Syrien wird in dem Gruppenchat mit verschiedenen Termini eingeführt, unter anderem wird die islamische Bezeichnung „*Hijra*" verwendet. Im ursprünglichen religiösen Sinn beschreibt der arabische Begriff die erzwungene Auswanderung Mohammeds von Mekka nach Medina im 7. Jahrhundert. Die von den Jugendlichen geteilte salafistische Interpretation wird an die heutigen Gegebenheiten angepasst und steht für die Abkapselung von einer unislamischen Gesellschaft, der Teilnahme am defensiven Jihad und der Auswanderung in ein Land, in dem ein islamkonformes Leben geführt werden kann (vgl. Lohlker et al. 2016).

Insbesondere der Amir appelliert mit seinen Erzählungen und vermeintlichen Tatsachenberichten von bereits ausgereisten Personen an die kollektiven Emotionen der Gruppenmitglieder. Seine Schilderungen handeln von dem Pflicht- und Mitgefühl gegenüber der Familie sowie der Aufopferung für Allah und die islamische Gemeinschaft. Die moralische Botschaft der Narrationen besteht darin, dass nur diejenigen Barmherzigkeit von Allah erhalten, die auf den Schlachtfeldern des Jihad sterben. Die emotional aufgeladenen Erzählungen bieten den Jugendlichen entscheidende Anknüpfungspunkte. Zum einen können sie sich mit den heldenhaften Protagonisten identifizieren, zum anderen bieten ihnen die Geschichten Orientierung für die eigenen Ausreisebestrebungen – und die damit verbundenen Hindernisse, Kosten und Belohnungen. An ihrem Sehnsuchtsort erwartet sie, ihren Ansichten zufolge, „*ein Zuhause*", „*ein richtiges Gehalt*" und „*ein respektvolles Leben […] unter der Flagge des Islamischen Staates im Irak.*" Diese materiellen und immateriellen Belohnungen sind äußerst attraktiv für die Gruppenmitglieder. Dabei beruhen diese Vorstellungen vornehmlich auf dem Bild, welches die text-, bild-, audio- oder videobasierten Publikationen des sogenannten Islamischen Staats zeichnen. Diese propagandistischen Illustrationen, die den Gruppenzusammenhalt, den Märtyrertod und die Gesellschaftsordnung idealisiert und idyllisch darstellen, führen zu einer verklärten Sichtweise der Jugendlichen.

In dem Chat werden einschlägige Ausreiseabsichten thematisiert und Videos mit deutschen Protagonisten aus den besetzten Gebieten des sogenannten Islamischen Staates geteilt. Der konkrete Austausch über diese Inhalte findet dabei vornehmlich über private Nachrichten zwischen den Akteuren statt.

C: „*Habe ‚ne Seite gefunden mit Videos aus dem Hasental. Sogar deutsche. Wer will pn?*"[45]

45 Die Abkürzung „pn" steht für persönliche bzw. private Nachricht.

In dem Gruppenchat tauchen dahingegen verschiedene Metaphern auf, die als Chiffrierung für die Ausreise, das Kampfgebiet und den heiligen Kämpfer stehen. So werden die Begriffe „Matrose“ oder „Hase“ zur Bezeichnung des Mudschahid verwendet und das „Hasental“ steht symbolisch für die vom IS zum Zeitpunkt des Chats kontrollierten Gebiete in Syrien und dem Irak:

C: *„Stimmt es eigentlich das man im Hasental ‘nen eigenen Hasenbau bereitgestellt bekommt? □❤□❤ Sagte gestern Amir □ □ □✎“*
B: *„Ja. Denke schon Matrose.“*

Insbesondere die Metapher des Hasentals repräsentiert die vollständige Entzauberung eines ursprünglich kindlich-idyllischen Weltentwurfs, wie er beispielsweise in Märchen und Kindergeschichten vorzufinden ist. Die Metapher versinnbildlicht die radikale Umdeutung bzw. Profanierung der ursprünglichen Sinngehalte. Diese Umwertung der idealisierten Vorstellung einer heilen Kinderwelt, kann selbst wieder als Mittel zum Zweck der Überwindung der eigenen Kindheit gedeutet werden. Die Jugendlichen entwerfen auf diese Weise eine Gegenidentität zur Mehrheitsgesellschaft und zur Elterngeneration selbst. Sie stilisieren schließlich das Schlachtfeld zu einem Sehnsuchtsort:

C: *„Ya ikhwan [Mein Bruder] hoppelt ins Hasental um dort am frischen Gras zu nagen und in Ruhe zu leben.“*

Die Überzeugung, in einem Bürgerkriegsgebiet ein ruhiges und idyllisches Leben führen zu können, erscheint in Anbetracht der Bilder, die wir aus der Kriegsregion empfangen, paradox. Doch die Jugendlichen rezipieren z. T. ganz andere Bilder. So scheint hier vor allem das von der IS-Propaganda produzierte Bild des Alltagslebens in einem Kampfgebiet die Vorstellungen der Jugendlichen grundlegend zu prägen.

Ein weiterer mobilisierender Faktor für die jungen Männer ist die propagierte Heroisierung des islamischen ‚Gotteskriegers‘, der sich im Kampf gegen den ungläubigen Feind einer Mission verschreibt, die größer ist als das eigene Leben. Dieses emphatische Lebenskonzept ist gerade für sie, die jenseits ihres jugendlichen Alltagsdaseins das Heldenhafte suchen, unmittelbar anschlussfähig. Es verwundert daher nicht, wenn einige Gruppenmitglieder über soziale Medien in Kontakt zu Ausgereisten stehen und damit über einen direkten Zugang zu ihrem Sehnsuchtsort verfügen.

C: *„Ich kannte mal einen der gehoppelt ist ins Hasental er schickte Fotos. Leider ist er jetzt kein Hase mehr sondern ein Vogel in sha‘a Allah [wenn Gott will].“*

Im Sinne eines jihadistischen Handlungsskripts, welches den Märtyrertod idealtypischerweise miteinschließt, sind die im Kampfgebiet operierenden Gotteskrieger in ein bloß irdisches, vergängliches Beziehungsgefüge eingebettet. Um dies auszudrücken und zugleich den Märtyrertod metaphysisch zu überhöhen, verwenden auch die Gruppenmitglieder die Metapher des Vogels[46]. Die irdische Bindung des Hasen wird demnach im freien Vogelflug aufgehoben; letzter versinnbildlicht wiederum die Nähe zur transzendentalen Sphäre des Unvergänglichen. Doch auch wenn sie in ihren Äußerungen ein idyllisches und romantisches Bild von der Ausreise zeichnen, ist den Jugendlichen durchaus bewusst, dass die „Löwen" des sogenannten Islamischen Staates in einem Bürgerkriegsgebiet agieren, in dem es dem Einzelnen weniger um Leben und Tod als vielmehr um den ewigen Seelenfrieden geht. Eben darum betrachten sie diese als Rollenvorbilder.

> C: *„Wir sollten das affige Benehmen zur Seite legen und uns endlich wie Löwen benehmen."*

Die Jugendlichen bezeichnen sich vorerst selbst noch als Hasen, bei denen die Zugehörigkeit und die Beziehung zu der Gruppe von Gleichgesinnten – oder um in der Symbolsprache der Jugendlichen zu bleiben – zu der Hasenkolonie im Vordergrund stehen. Auch die Selbstbetitelung als „Matrose", deutet bereits eine militärische Bereitschaft an. Doch der Begriff des Matrosen, der zumindest im deutschsprachigen Raum für den niedrigsten Dienstgrad in der Marine steht, verweist darauf, dass sie sich noch nicht den Status eines Löwen anmaßen möchten. Das metaphorische Verständnis des Matrosen, welches das Bild des Novizen und des Jünglings miteinander verbindet, entspricht dem Selbstverständnis der Gruppe vor der Ausführung des Anschlags. Die Jugendlichen antizipieren so, dass sie ebenso wie der Matrose eine Lehrphase durchlaufen, an deren Ende sie zu kampfbereiten Soldaten avancieren – ganz so, wie ihr Auftrag es verlangt. Zu diesem Zweck isolieren sie sich in der eingeschworenen Gemeinschaft und folgen ihrer Führungspersönlichkeit, dem Amir.

Über die kollektive Lebensperspektive – Leben im IS – und die gerade erläuterten Statusunterschiede werden der Gehorsam und die Zielverpflichtung der Gruppe hergestellt. Dabei ist es für die Jugendlichen das erklärte gemeinsame Ziel, die besetzten Gebiete des IS in Syrien und im Irak zu erreichen, um dort ihren Vorstellungen zufolge frei und sorglos unter ihresgleichen leben zu können.

---

46 Grüne Vögel, die sogenannten „Tayrun Khudhr" stehen in der salafistisch geprägten Begriffsumdeutung sinnbildlich für Märtyrer, deren Seelen im Paradies umherwandern dürfen (vgl. Gauvain 2013).

Um diesen Status zu erlangen, versuchen sie ihren Rollenvorbildern nicht nur nachzueifern, sondern jegliche unreifen und kindlichen Verhaltensweisen abzulegen. Die Gruppe verbindet das männliche Rollenbild mit der Figur des Löwen, der unter anderem für das Heroische, das Überlegene und schlechthin für Maskulinität und Potenz steht. In der salafistischen Propaganda wird der Löwe denn auch zu einem „würdevollen, heldenhaften und kampfbereiten" Mudschahid stilisiert, dessen Mähne an den Bart eines erwachsenen Mannes erinnert und der idealerweise bereit ist, für seinen Glauben zu sterben (vgl. Matusitz 2015). Das IS-Magazin „Dabiq" thematisierte unter dem Titel „Lions of Tomorrow" erstmalig im Jahr 2015 die Rolle der hochgeschätzten Kindersoldaten im IS. Die neue Generation der Löwenbabys, der sogenannten „ashbāl (lion cups)" (Anonym 2015: 20), wächst in den Kampfgebieten auf, in denen sie religiös geschult sowie militärisch trainiert werden und sehnlichst auf ihren Einsatz warten.[47] Auch die Gruppenmitglieder der „Helfer des islamischen Kalifats" streben eine Überwindung ihrer Kindheit und Jugend an, um den Status des ehrenhaften Kämpfers zu erwerben, von dem in seiner höchsten Vollendung post mortem behauptet wird, er sei ein Löwe gewesen. Besonders bei den letztendlich Tatbeteiligten, den eigentlichen Bombenlegern, wird ersichtlich, dass sie im Verlauf des Chats sukzessive kindliche Verhaltensweisen ablegen. Andere Mitglieder zeigen dies weniger deutlich. Ihnen genügt die bloße Partizipation an den Anschlagsvorbereitungen, die Zugehörigkeit zur Chatgruppe sowie die Bekundung von Loyalität, um an diesem vermeintlichen „Reifungsprozess" teilzuhaben.

3.4 Radikale Passagen – ein Fazit

Insgesamt dokumentiert die WhatsApp-Radikalisierung einer Gruppe, die am Ende einen Anschlag verübt hat, bei aller Devianz und Differenz zu einer wie auch immer gestalteten Normalität von Jugend, eine Jugendphase. Es ist eine Passage, ein Übergang zum Erwachsensein. Die salafistisch geprägte Radikalisierung und ihre im Chat kommunizierten logistischen und spirituellen Anschlagsvorbereitungen sind Schritte auf dem Weg zum Erwachsensein. Was die Gruppe eint, ist vor allem die naive und romantisierende Vorstellung gemeinsam auf den Schlachtfeldern des Jihad zu stehen und dabei zum Mann zu werden:

47 Das heroisch inszenierte Bildermaterial in dem Beitrag, ist einem IS-Video entnommen, welches die von einem Jungen durchgeführte Exekution eines mutmaßlichen Mossad-Agenten palästinensischer Abstammung zeigt.

A: *„Danach träumte ich und das war der intensivste Teil des Traumes, dass ich Muhajir geworden bin. Ich habe weinend die Mujaheddin und Muhajirin umarmt und dann sah ich D. Subhanallah [erhaben sei Gott]. Ich fragte ihn, so wie wir uns für gewöhnlich gegenseitig befragen. "Akhi [Bruder] wie ist es so, wenn die Drohnen über einen fliegen?" Und er sagte "Da wird einem mulmig" o. ä."*

Der Traum, in ein Kampfgebiet auszureisen und ein Mudschahid zu werden, wird nicht nur durch finanzielle Ressourcen, sondern auch durch staatliche Interventionen, wie beispielsweise durch den Entzug des Reisepasses, erschwert. Die Durchführung des geplanten Sprengstoffanschlags mit den ihnen zur Verfügung stehenden Mitteln kann diese Maßnahme aber nicht mehr verhindern. Um ihrem sozialen Umfeld, der Gruppe und sich selbst zu zeigen, dass sie „Löwen" sind, ‚müssen' sie den Anschlag ausführen. Zu diesem Zweck ist die Gruppe gegründet, ihre innere Ordnung hergestellt und die Kommunikation gerahmt worden. Der Anschlag ist in diesem Sinne der ultimative Beleg für den Abschluss der unselbständigen Kindheit und der Teilhabe am Erwachsenenstatus.

Alle weiteren Aspekte, die wir beleuchtet haben, sind vor diesem Hintergrund als funktionale Voraussetzungen oder Nebenfolgen dieser radikalen und zum schnellen Ende drängenden Statuspassage zu betrachten. Dazu gehören etwa die Bemühungen um Differenzen zu anderen Gruppen und Aneignung einer radikalen Auslegung des Islam, ebenso wie das Bestreben eine Ehefrau zu finden, Konsumbedürfnisse zu befriedigen oder sich durch das äußerlich-stilistische Nacheifern von Rollenvorbildern darzustellen. Der Sprachgebrauch, die Lifestyle-Elemente und Regeln drücken ihre Zugehörigkeit zur Peergroup und ihre radikale Islamauslegung aus. Sie sind Handlungsstrategien zur Bewältigung der Jugendphase und der Ansprüche, die die Mitglieder der Gruppe an sich selbst gestellt haben. Zum Teil handelt es sich dabei um Ansprüche, die darauf gerichtet sind, grundsätzliche Entwicklungsaufgaben zu erfüllen, die die Gesellschaft ihren „Kindern" aufgibt.

Auch dass die Jugendlichen sich im Chat nicht explizit auf die „Umma", das heißt auf die Gemeinschaft aller Musliminnen und Muslime, sondern ausschließlich auf die von ihnen gegründete und durch persönliche Beziehungen etablierte „Jama'a" (Gruppe) beziehen, erscheint vor diesem Hintergrund als Mittel zum Zweck der Bewältigung dieser Passage.

Die Radikalisierung zur Gewalttat wird im Verlaufe der vier Monate zunehmend hermetisch und konsequent, weil die Gruppe sich Schritt für Schritt als Gruppe entdeckt, ihre gesetzte soziale Identität mit jugendkulturellen Elementen anfüllt und sich den ständigen Eingriffen und Kontrollen des Amir, der Führungsperson im wachsenden Maße fügt.

Dabei ist am Ende aber auch festzuhalten, dass der Chat nur eine Bühne der Radikalisierung ist. Viele Fragen zum Verhältnis von Sozialisation, Jugend und Radikalisierung lassen sich mit unseren darauf beschränkten Daten nicht klären. Auch Aspekte außerhalb der hier eingeschränkten digitalen Lebenswelt spielen aber eine Rolle. Biografien, Lebensverläufe wie auch die Akteure und sozialen Systeme außerhalb des Chats wären in die Analyse einzubeziehen, um ein vollständiges Bild zu zeichnen. Dazu gehörten ebenso jene Aspekte, die die anderen Beiträge im vorliegenden Buch kenntlich gemacht haben – nämlich die Attraktivität des spielerisch-kreativen Lego-Islams (Kapitel 2) sowie die Soziologik einer sich exponentiell beschleunigen Heilskarriere und der Aneignung von Ursprünglichkeit (Kapitel 4). Die Befunde greifen ineinander und ergänzen sich. Mit dem Blick auf die hier interessierende Frage nach der Jugend ergänzen und bedingen sie sich scheinbar so, dass eine radikale soziale Identität entsteht, die kompatibel ist zur Lebenswelt der jungen Menschen. Dies scheint uns der entscheidende Mechanismus der Radikalisierung.

Entparadoxierung im Hochgeschwindigkeitsmodus

4

Anmerkungen zur Soziologik der Chatgruppe im Lichte einer komparativen Analyse

Jörg Hüttermann

4.1 Die Modernität radikaler Ausprägungen des Islams

Im Folgenden soll der oben vorgestellte Chat, in dem sich jugendliche Akteure des in Deutschland präsenten neo-salafistischen Djihadismus artikulieren, vor dem Hintergrund eines Vergleichs mit einer anderen muslimischen Gruppierung betrachtet werden, die sich aus Anhänger*innen der islamischen Mystik zusammensetzt. Es handelt es sich konkret um in Deutschland lebende Adepten des sufitischen Orden der Naqshbandiyya. Der Naqshbandiyya-Orden bringt in den achtziger Jahren sowohl in Deutschland als auch in den Niederlanden, Spanien, Großbritannien und in den USA zahlreiche Brüder und Schwestern auf den spirituellen Weg der Mystik. Diese sind auf den bis zu seinem Tod, im Jahr 2014, auf Zypern lebenden Nazım Kıbrısi eingeschworen. Wie im Falle der neo-salafistischen Djihadisten sind unter den Naqshbandiyya-Sufi nicht nur geborene Muslime, sondern auch viele Konvertiten und Revivalisten[48]. Doch während sich der neo-salafistische Djihadismus – um es in klassisch religionssoziologischer Begrifflichkeit zu formulieren – durch eine radikal innerweltliche Orientierung auszeichnet, steht das Sufitum bzw. die islamische Mystik für die entgegengesetzte, außerweltliche Ausrichtung. Und ein weiterer Unterschied fällt ins Auge: Obschon sufitische Orden in Deutschland mit etwa 10.000 Adepten (vgl. REMID 2016) nicht weniger Adepten aufbieten als die salafistische Bewegung, verbleibt die islamische Mystik gewissermaßen im Windschatten öffentlich bewegender und bewegter Diskurse.

48 Revivalisten sind geborene Muslime, die sich auf den eigenen ihnen im bisherigen Leben fremd gebliebenen oder fremd gewordenen islamischen „Ursprung" besinnen, um ihn fortan zum sinnhaften Dreh- und Angelpunkt ihres Lebens zu machen. Die Art und Weise, in der sich Revivalisten Ursprünglichkeit aneignen, unterscheidet sich in vielen Punkten kaum von der der Konvertiten – insbesondere was den Hang zur Überanpassung betrifft.

Mit Blick auf das Verfahren einer komparativen Analyse sollte ein mögliches Missverständnis bereits im Vorhinein ausgeräumt werden: Wenn man mehrere Phänomene miteinander vergleicht, so heißt das nicht, dass man sie gleichsetzt, sondern nur, dass man danach strebt, das Besondere eines Phänomens mit Blick auf Gemeinsamkeiten und Unterschiede zu einem anderen Phänomens zu profilieren. Von einer Gleichsetzung kann also keine Rede sein. Tatsächlich steht das Sufitum dem neo-salafistischen Djhadismus diametral entgegen. So richtet das Sufitum die Ressourcen, Motive und die Aufmerksamkeit des Subjekts nach innen, um einen persönlichen Läuterungsprozess in Gang zu setzen, während der neo-salafistische Djihadismus primär nach außen gerichtet ist, um die vermeintlich gotteslästerliche Welt zu purifizieren. Der Vergleich versteht sich vielmehr ausschließlich als heuristisches als Mittel zum Zweck der Annäherung an die spezifische Soziologik jener neo-salafistischen Gruppe, die sich über WhatsApp zu einem Attentat verabredet hat. Mit dem Begriff der Soziologik bezeichnet der Autor die je charakteristische Interdependenz jener Handlungen und Voraussetzungen, welche die soziale Genese, die Reproduktion, den Wandel und schließlich ggf. auch den Zerfall bzw. das Ende eines sozialen Tatbestandes (z. B. einer Gruppe, eines Milieus, eines Konflikts, einer Sozialstruktur, eines Ereignisses etc.) erklärt. Die Vergleichsanalyse verfolgt das Ziel, das Phänomen des jugendlichen Djihadismus eingehend zu explorieren und darüber hinaus Hypothesen zu generieren, die den weiteren Forschungsprozess voranbringen können – und zwar nicht bloß durch ihre Bestätigung, sondern ggf. auch durch ihre Widerlegung.

Das Vergleichsverfahren kann im vorliegenden Fall nicht mehr als eine Annäherung sein, weil die ihm zugrundeliegende Datenlage sehr ungleichgewichtig ist. So stützt sich die empirische Fallstudie im Sufi-Milieu auf eine einjährige qualitative Feldforschung, in deren Rahmen der Autor teilnehmende Beobachtungen und narrativ-biographische Interviews durchgeführt hat. Dagegen beruhen die zur Verfügung stehenden Daten zu der konspirativ agierenden, djihadistischen Gruppe zunächst einmal nur auf dem oben dargestellten Chat-Protokoll sowie zusätzlich auf der Einbeziehung literarischer Selbstzeugnisse, die hierzulande von Neo-Salafisten verfasst worden sind, nachdem sie dem Djihadismus abgeschworen hatten. Hinzu kommen neo-salafistisch-djihadistische Videos und Audios aus dem Internet, auf die sich die Mitglieder der Chat-Gruppe wechselseitig aufmerksam machen und an die sie in ihrer Interaktion anknüpfen.

Zu Missverständnissen könnte auch beitragen, dass das vorliegende Kapitel auf Paradoxien im spirituell-praktischen Handeln der beiden muslimischen Gruppierungen fokussiert. Wer daraus den Schluss zöge, dass die Vergleichsphänomene – Sufitum und neo-salafistischer Djihadismus – oder gar der Islam sich gegenüber anderen Formen religiösen oder außerreligiösen Lebens dadurch auszeichneten, dass nur erstere paradoxale Strukturen und Prozesse aufwiesen, der läge falsch. Tatsächlich hat die moderne Soziologie (vgl. u. a. Grathoff 1989: 286ff., Watzlawick et al. 2011) nachgewiesen, dass Paradoxien alle – keinesfalls nur pathologische oder dysfunktionale – Bereiche der modernen Lebenswelt betreffen. Zuvor hatte schon Max Weber (vgl. 1922a, 1922b) gezeigt, dass auch das sozialwissenschaftliche Berufsleben davon nicht ausgenommen ist. Zwar sei es Sozialwissenschaftlern aufgrund erkenntnistheoretischer Fortschritte zur Gewissheit geworden, dass Erkenntnis nicht in dem Sinne objektiv sein könne, dass sie einen intersubjektiv verbindlichen Punkt-für-Punkt-Zugriff auf „die" soziale Realität herstellen könnte. Aber auf der anderen Seite, so Weber, würden Wissenschaftler*innen nicht ohne die (zumindest vorübergehende) leidenschaftliche Einbildung, dass ihnen ein objektiver Zugriff auf die „Wirklichkeit" doch gelänge und ohne die Anmaßung, die dunkle Mannigfaltigkeit des Realen in ihrer Gesamtheit erhellen zu können, nicht funktionieren. Von der von Horkheimer und Adorno in den vierziger Jahren herausgearbeiteten Dialektik der Aufklärung, also des paradox anmutenden Umschlags von Aufklärung in Mythos und von Mythos in Aufklärung, war zu dieser Zeit noch nicht einmal die Rede.

Eine zentrale Annahme der vorliegenden Analyse ist, dass die jugendliche Verschwörergruppe nicht für einen Rückfall in lange überwunden geglaubte Entwicklungsstadien der Geschichte steht, sondern für eine durch und durch moderne Kulturtechnik – nämlich die identitätsstiftende Aneignung von Ursprünglichkeit in einer mit Beliebigkeit und Sinnverlust geschlagenen Welt. Wie viele andere Gruppen, Milieus oder Individuen, die innerhalb und außerhalb des Islams agieren, streben die zumeist jugendlichen Verschwörer danach, durch die Aneignung von Ursprünglichkeit eine Paradoxie aufzulösen, die die Moderne selbst aufwirft und die längst zu ihrem konstitutiven Element geworden ist – nämlich das Bezugsproblem einen festen Halt im Bodenlosen zu finden: „Modernity's fate is eternally to retrieve and eternally to deconstruct the ground. Modernity's fate is that it is a groundless ground" (Lash 1999: 10).

Das Problem der Gründung im Grundlosen beschäftigt die moderne Philosophie spätestens seit Nietzsche. Es wird schließlich von der Soziologie des 20. Jahrhunderts aufgegriffen und konkretisiert. So hat Max Weber das Problem mit Hilfe von Konzepten der „Entzauberung" und der „Sinnkrise" (Max Weber) bearbeitet und wollte ihm mit dem heilsbringenden Charisma außeralltäglicher Führerpersönlichkeiten beikommen. Auf Max Weber folgende Soziologen begreifen das Problem nicht mehr nur als spezielles Problem der Eliten in Politik, Religion, Wissenschaft, Kunst und Wirtschaft, sondern als allgemeines Orientierungs- und Sinnproblem des modernen Subjekts. Ulrich Becks Soziologie, seine Individualisierungsthese und seine unter dem Begriff Risikogesellschaft antretende Zeitdiagnose kann denn auch als ‚Demokratisierung' dieses Bezugsproblems gelesen werden. Und nicht zuletzt die Biographieforschung zeigt, dass und wie das moderne Subjekt zum „Sinnbastler" (Hitzler/Honer 1994: 312) wird und geradezu bei Strafe des Sinnverlusts bzw. der Orientierungslosigkeit dazu gezwungen ist, angesichts moderner Kontingenzerfahrungen (vor allem die Erfahrung, dass alles, was ist, veränderbar und somit fragil ist) eine „Bastelbiografie" seiner selbst anzufertigen (vgl. Hitzler 1988). „Das Subjekt wird zunehmend und notwendigerweise zum Baumeister des Sozialen, seiner eigenen Gemeinde oder Lebenswelt. Statt Einpassung von Subjekten in vorhandene soziale Zusammenhänge kommt es deshalb darauf an, dass Menschen die Fähigkeit entwickeln, sich selbst solche Zusammenhänge zu schaffen" (Keupp 1997: 342).

Das, was sich das moderne Subjekt zu finden oder gar selbst zu erschaffen genötigt sieht, ist ein sinnhafter 'archimedischer Punkt'; ein Fundament, das scheinbar nicht durch moderne Kalkulation, Reflexion und Verwertung entweiht oder durch moderne Imperative von Steigerung, Steuerung und Machbarkeit profaniert worden ist – nämlich die schiere, nackte Ursprünglichkeit. Die moderne Subjekt- und Milieu- und Gruppenkonstitution kommt offenbar immer weniger ohne schlagende (Grenz-)Erfahrungen des Ursprünglichen aus. Ganz gleich, ob es sich um religiöse Erweckungserlebnisse aller Art, um politische Mobilisierung, um Psychotherapien oder um Jugendszenen handelt, ohne das Evozieren eines vermeintlich unverdorbenen und vermeintlich verlassenen, verdrängten oder verstellten Ursprungs finden moderne Subjekte und Milieus offenbar keinen Halt.

Suche, Kreation und Aneignung des Ursprünglichen sind vor dem Hintergrund der Globalisierung von Nostalgie zu betrachten (vgl. Robertson 1992: 146 ff.). Nostalgie meint in diesem globalisierungstheoretischen Zusammenhang, dass die Geschichte als Zerfallsprozess begriffen wird, der den Verlust an Ganzheitlichkeit und ein Gefühl des Verlusts von Expressivität und Spontaneität bedeutet sowie die Wahrnehmung bedingt, dass das moderne Subjekt seine Autonomie verliert (vgl. Stauth/Turner 1988: 47). Die globale Nostalgie manifestiert sich in einer weltumspannenden „Search for Fundamentals" (Robertson 1992: 178, 164 ff.). Die Suche nach den abhanden gekommenen Fundamenten tritt schon in der modernen Nationalstaatsbildung zutage (vgl. Anderson 1991, Robertson 1992: 178), bei der die neuen bürgerlich-revolutionären Bewegungen ihre historischen, identitätsstiftenden Ursprünge und ihre historischen Anknüpfungspunkte gewissermaßen erst erfinden müssen, um das durch ihren revolutionären politischen Schöpfungsakt hervorgerufene Kontingenzbewusstsein einzudämmen. Die Angst erzeugenden Erfahrungen von Beliebigkeit müssen fortan durch die Konstruktion historischer Ursprünge, Kontinuitäten oder Notwendigkeiten kuriert werden. Die Suche, Kreation und Aneignung des Ursprünglichen, zeigt sich in den unterschiedlichsten

Bereichen der globalen Moderne, so etwa in der transnational organisierten Ökobewegung mit ihrer Idee eines ursprünglichen Naturgleichgewichts (vgl. Robertson 1992: 179) oder in der Menschenrechtsbewegung, sofern diese sich etwa indigener Völker annimmt oder von ursprünglichen Naturrechten und Naturzuständen ausgeht. Auch die Indigenisierung der Medizin (vgl. Robertson 1992: 171) gehört in diesen Zusammenhang – von der Anpreisung des „Urigen"[49] in der Tourismusbranche ganz zu schweigen. Das, was die modernen Sucher und Kreativen (z. B. die Erschaffer der Nation) finden oder gar hervorbringen, zeichnet sich – gleich, ob es ein Ding, ein Symbol, ein Narrativ, ein heiliger Text, eine Vision oder eine großartige Erfahrung ist, – dann immer durch eine bestimmte Eigenschaft aus: in den Augen der Beteiligten ist es das das letzte, nicht weiter hinterfragbare, unmittelbar evidente Fundament.

Wenn diese soziologische Zeitdiagnose zutrifft, und wenn es richtig ist, dass zur (vermeintlichen) Lösung des Bezugsproblems der Bodenlosigkeit auf den modernen Märkten der Möglichkeiten viele funktionale Äquivalente feilgeboten werden (u. a. Drogenkonsum, Familienleben, wissenschaftlichen Karriere oder Populismus), dann stellt sich die oft gestellte Frage, warum junge Menschen sich zu djihadistischen Terroristen entwickeln, etwas anders als gemeinhin üblich. Denn die Frage nach dem Warum implizierte bislang die irrige Vorstellung, dass es sich etwa beim Neo-Salafismus oder dem Sufismus um eine Regression handelt, der eine gewisse Irrationalität zugrunde liege. Doch vom Standpunkt aktueller soziologischer Zeitdiagnosen aus betrachtet, sind solche Unterstellungen zumindest einseitig. Denn indem sie sich am Problem der Bodenlosigkeit abarbeiten und indem sie sich Ursprünglichkeit kreativ aneignen, erweisen sich neo-salafistische Djihadisten als konsequent modern.

Die Warum-Frage wäre dementsprechend ganz anders zu stellen: 1. Warum sollten junge moderne Menschen, die das Problem der Bodenlosigkeit zudem noch in einer Phase des biographischen Übergangs zum Erwachsenenalter als existenziell und leibhaftig erleben – etwa weil die Familie zerbricht oder weil sie die herrschenden Gerechtigkeitsstandards und Selbstverwirklichungsversprechen aufgrund eigener Diskriminierungserfahrungen als Chimäre erfahren – gerade die djihadistische Option zur Bewältigung ihrer Probleme und des wahrgenommenen sozialen Zerfalls übersehen? Erst wem klar ist, dass auf dem modernen Markt der Identitätsangebote und Heilsversprechen beinahe alles, was in virtuelle Reichweite gerät, auch zur Projektionsfläche für die Sehnsüchte moderner Menschen und für deviante Verhaltensformen werden kann, sollte sich der nächsten Frage stellen: 2.

49 Die im Duden aufgeführten Bedeutungen des Adjektivs verweisen auf jene Qualitäten, die die moderne Suche nach den verlorenen Fundamenten aufspüren möchte.

Warum erscheint einigen modernen Sinnsuchern und Sinnbastlern die djihadistische Option als attraktiv, während andere Zeitgenossen sie ignorieren oder ablehnen?

Der nachstehend durchgeführte fallgestützte Vergleich zweier muslimischer Gruppierungen, die aus muslimischer und islamwissenschaftlicher Sicht weit voneinander entfernt stehen, gibt Anhaltspunkte zur Beantwortung der unter 2. gestellten Frage. Beiden innerislamischen Gruppierungen ist zwar gemein, dass sie auf das moderne Problem der Bodenlosigkeit modern reagieren, indem sie sich einer vermeintlich unverderblichen Ursprünglichkeit zuwenden, um sich diese anzueignen. Und beide Gruppierungen verstricken sich in diesem Bemühen in Paradoxien. Doch der Umgang mit den Paradoxien und die Formen der Aneignung von Ursprünglichkeit unterscheiden sich deutlich. Indem der Artikel einige dieser Unterschiede herausgearbeitet, zeigt er bedeutsame Spezifika des neo-salafistischen Djihadismus auf und gibt zugleich Anhaltspunkte dafür, warum der neo-salafistischen Djihadismus für manchen Zeitgenossen attraktiv sein kann.

4.2 Paradoxie und Entparadoxierung auf dem Weg zur Ursprünglichkeit

Von konventionellen Rationalitätsstandards ausgehend, ist das Bemühen moderner Menschen, Halt im Haltlosen zu finden, aussichtslos und daher schlicht und einfach falsch. Auch die moderne Aneignung von Ursprünglichkeit ist logisch gesehen widersinnig; wäre Ursprünglichkeit aneignungsfähig, so wäre sie nicht ursprünglich. Man kann das in sich seiende Ursprüngliche nicht aneignen und handhaben, ohne ihm den Charakter des fraglos Geltenden und des Unberührten zu nehmen.

Von den Standards der Soziologie ausgehend sieht das anders aus. Die verstehende Soziologie (z. B. in der Linie von Weber über Schütz, Goffman zu Grathoff) bezieht sich in ihrem Vorgehen auf das bewährte, fachuniversal anerkannte Thomas-Theorem. Es besagt: „If men define a situation as real, they are real in their consequences" (Thomas/Thomas 1928: 572; zur Rezeption und Wirkungsgeschichte vgl. Merton 1995). Demnach sind u. a. auch jene von Gläubigen als real wahrgenommenen Begebenheiten Bestandteile ihrer objektiven Situation – ganz gleich ob diese Begebenheiten von wissenschaftlichen Beobachtern als widersprüchlich, paradox oder als pure Einbildung betrachtet werden. Von der Philosophie Deleuzes (vgl. 1993) oder der Systemtheorie (vgl. Luhmann 1997: 57f.) und vor allem der phänomenologischen Soziologie aus betrachtet (vgl. Grathoff 1989: 286ff.) sind gerade Paradoxien dazu geeignet, unseren Alltag zu motivieren und unsere schöpferischen (aber auch destruktiven) Energien zu mobilisieren. Die Soziologie versteht Paradoxien mithin nicht mehr als ein formales Problem eines wissenschaftlichen Beobachters, der einen Gegenstand oder einen Prozess analysiert, sondern als etwas, in das sinnlich tätige Menschen (oder soziale Systeme) alltäglich und unweigerlich verstrickt sind – Sozialforscher nicht ausgenommen. Demnach funktionieren Paradoxien insbesondere deshalb, weil wir uns ihrer nicht in jedem Moment unseres Tuns bewusst sind, und gerade weil sie sich nicht einfach auflösen lassen. Im Alltag gilt es sie auszublenden oder gar unsichtbar zu machen, um handlungsfähig zu bleiben und nicht an ihnen zu verzweifeln.

Im nachstehenden Abschnitt und in den folgenden Unterkapiteln soll gezeigt werden, mit welcher konkreten milieuspezifischen Paradoxie es Sufis und neo-salafistische Djihadisten zu tun haben und mit welchen milieuspezifischen Handlungen sie ihre Paradoxien aufzulösen bzw. zu entparadoxieren trachten. Dabei treten erste Spezifika des neo-salafistischen Djihadismus und erste Anhaltspunkte für die Beantwortung der oben gestellten Fragen zutage.

4.2.1 Die sufitische Paradoxie der Selbstpurifikation

Zurück zur Suche nach dem Ursprünglichen. Diese erfolgt nicht in dem Sinne, wie man einen Schatz sucht, findet und dann birgt. Sowohl die Suche als auch der Bergungsprozess sind in der Regel biographisch ausgedehnte und psychisch intensive Prozesse. Um die Sehnsucht nach dem Ursprünglichen herum entfalten sich die Aktivitäten und mit Hilfe dieser Aktivitäten stellen die Beteiligten das eigene Engagement und den Zusammenhalt der Weggefährten auf Dauer.

Betrachten wir das Auf-Dauer-Stellen des Suchens, Findens und Bergens am Beispiel des Naqshbandiyya-Ordens, so ist hervorzuheben, dass die Verstetigung des Milieus auf eine charakteristische, das Milieu kennzeichnende Paradoxie und ihre milieuspezifische Bewältigung zurückgeht. Um dies zu verdeutlichen, möchte der Autor zunächst die charakteristische Höflichkeitskultur der Sufis in Rechnung zu stellen. Sie ist eine Grundform der sufitischen Paradoxie. Die brüderlich-egalitär anmutende Form sufitischer Höflichkeit geht auf die (nicht exklusiv sufitische) Tradition des *adab*[50] zurück, bzw. darauf, was die Sufis selbst dafür halten. In seiner

50 Etymologisch geht der arabische Terminus *adab*, der auch im Türkischen verwandt wird, auf den Begriff *da'b* zurück, was so viel wie Sitte und Gewohnheit bedeutet. Er enthält die Wurzel *'-d-b*, das im Arabischen unter anderem „wunderbare Sache" ausdrückt. Im ursprünglichsten vorislamischen Sinn beinhaltet *adab* „(…) a habit, a practical norm of conduct, with the double connotation of being praiseworthy and being inherited from one's ancestors" (Encyclopaedia 1960: 175). Zur Zeit des frühen Islam war *adab* ein Synonym für die Sunna, die vorbildliche Lebensform des Propheten und seiner

sufitischen Variante ist *adab* eine mehr oder weniger veralltäglichte, ritualisierte und zugleich spirituelle Höflichkeit, mittels derer sich der Bruder/die Schwester für sein soziales Gegenüber hingibt, um das eigene Selbst aufzugeben. Die *adab*-Höflichkeit wird damit selbst zu einer mystischen Praxis, die das Ego überwinden will, um – im Verein mit anderen Praktiken, wie etwa dem zeremoniellen Gottgedenken (*ḏikr*) – die unio mystica mit Gott gewissermaßen anzubahnen.

Das von der *adab*-Tradition geprägte Bemühen der Sufi um einen höflichen Umgang hebt sie deutlich aus dem Alltag nichtsufitischer Akteure heraus. Die ausgesuchte, (selbst-)kontrollierte Galanterie der Derwische ist sicherlich von besten Absichten getragen. Hehre Intentionen sollten jedoch nicht den Blick auf funktionale Aspekte verstellen: So ist die ehrerweisende Höflichkeit im Derwisch-Milieu nicht nur Selbstzweck, sondern darüber hinaus auch im Hinblick auf die Binnenintegration[51] und schließlich mit Bezug auf die Distanzierung der In-group gegenüber der Out-group[52] von besonderer Bedeutung. Die Gemeinschaft der Ehrwürdigen entsagt der Ich-Bezogenheit und unterwirft ihre Affekte einem Selbstzwang, der sich subjektiv am Ideal der Lebensführung des Propheten und seiner Gefährten ausrichtet. So wie die Derwische es sehen, hebt sich die erlauchte Gemeinschaft damit gegenüber der im tierischen Stadium respektive in Ego-Sucht verharrenden,

---

Gefährten. In späteren Epochen des Islam weitete und verweltlichte sich die Bedeutung des *adab*. Er bezeichnete die städtische Lebensform der Gelehrten und Gebildeten und verwies auf zivilisatorische und kulturelle Errungenschaften der arabischen und später der gesamten islamischen Welt, unter anderem auch auf Tugenden und Techniken der gelehrigen, literarisch gestützten Selbstverfeinerung sowie schlechthin auf Menschlichkeit. In der abbassidischen Epoche bezeichnete *adab* auch das amtsspezifische Wissen etwa eines Schreibers oder eines Veziers. In der modernen Epoche schließlich wurde *adab*, und insbesondere seine Pluralform ādāb, zu einem Synonym für Literatur. Für die Derwische ist vor allem die frühislamische, den Altruismus hervorhebende Bedeutung des *adab* relevant. *Adab* geht hier dem sufitischen Anspruch nach mit dem Entwerden im Bruder (Auflösung bzw. Diffusion des Egos, d. V.) zusammen und ist eine am Vorbild des Propheten ausgerichtete Technik der methodischen Selbstlosigkeit (vgl. auch von Grunebaum 1963: 284 ff.). In der im Derwisch-Milieu kursierenden Naqshbandi-Literatur ist daneben auch vom „Adab der Seele" die Rede (Dağistānī 1995: 35). Diese Variante des *adab* bezieht sich nicht unmittelbar auf das Gemeinschaftsleben, sondern auf selbstdisziplinierende Regeln des Betens und des Gottgedenkens.

51 Die binnenintegrative Funktion der gruppenspezifischen Ehre stellte schon Simmel heraus: „Untersucht man nämlich die Vorschriften der Ehre auf ihre Inhalte hin, so zeigen sie sich durchgehend als Mittel für die Erhaltung eines sozialen Kreises in seinem Zusammenhalt, seinem Ansehen, der Regelmäßigkeit und Fördersamkeit seines Lebensprozesses" (Simmel 1992: 600).

52 Zur Outgroup werden je nach Exklusivität der gerade kommunizierten Themen mitunter auch nichtsufische Muslime gerechnet.

nichtsufitischen Masse heraus. In dieser Hinsicht ist eine gewisse Affinität zu der sich schon im Mittelalter ausdifferenzierenden status- und ehrverbürgenden, distinguierenden Höflichkeit des Adels unübersehbar: „Durch die ostentative Beherrschung der Affekte hebt sich der Adelige als Angehöriger eines privilegierten Standes hörbar und sichtbar ab von den nichtadlig Lebenden, und deshalb gilt das kontrollierte höfische Verhalten dem Adel selbst als schön, während die spontane, unkontrollierte Regung der Gefühle als hässlich diskreditiert wird" (Wenzel 1988: 112; vgl. auch Elias 1983: 120 ff.; 153 ff.).

Weil die inklusive (bezogen auf milieuinterne Akteure) und zugleich exklusive (bezogen auf externe Akteure) Höflichkeit der Derwische nicht allein intentional erklärt werden kann, weil überhaupt alle Interaktionsrituale und Praxisformen im Milieu der Derwische nicht bloß im rekonstruierenden Nachvollzug des Handlungserlebens der Derwische verstanden werden können, sondern auch unter funktionalen Gesichtspunkten – wie etwa den der Binnenintegration – betrachtet werden müssen, werden im Folgenden im Anschluss an Goffman zeremonielle Aktivitäten oder interpersonelle Rituale des Milieus herausgearbeitet, die zugleich als Techniken der Milieuzentrierung wie auch als Technologien des Selbst begriffen werden, da sie der Selbst-Transformation dienen: „Such ceremonial activity is perhaps seen most clearly in little salutations, compliments, and apologies which punctuate social intercourse, and may be referred to as ‚status rituals' or ‚interpersonal rituals'" (Goffman 1967: 57). Denn mit Goffman ist der Verfasser der Auffassung, dass es gerade die Ritualität ist, welche die angelernten und durch zahllose Repetitionen verinnerlichten Interaktionsformen für die Akteure selbst berechenbar und lenkbar macht (vgl. Goffman 1967: 57). Als Objektivierung sozialer Interaktionen ist Ritualität etwas, dem man sich gewissermaßen gegenüberstellen, gegenüber dem man Distanz und Autonomie waren und das man handhaben kann. Sie eröffnet den Beteiligten somit Möglichkeiten des strategischen und instrumentellen Handelns.

Handkuss-Ritual

Dies trifft etwa auf das Handkuss-Ritual zu. Das Interaktionsritual wird häufig in Begrüßungssituation angewandt. Der Grüßende legt sich die rechte Hand aufs Herz, beugt sich, eine Verneigung andeutend, leicht vor. Oft ergreift dann in dieser Situation ein Bruder die Hand des Grüßenden, um sie zu küssen. Der lässt es aber meist nicht dazu kommen und entreißt sie ihm sofort und gibt gleichzeitig mit einer Geste seiner freien Hand zu verstehen, dass er den zum Zwecke des Handkusses vorgebeugten Bruder wieder aufrichten und nicht um seinen Stolz bringen möchte. Dieses Begrüßungsritual sorgt stets für Erheiterung unter den einander begegnenden Sufi. Es übermittelt zum einen eine sozialintegrative, die Zuneigung und das Bemühen um Entwerdung im Bruder ausdrückende Botschaft und trägt

Züge eines Flirts. Zum anderen aber teilen sich darin die eigene Bescheidenheit und das Gefeitsein gegenüber jeglicher Versuchung der *nafs*, der auf das Ego ausgerichteten Neigungen, mit. Und schließlich hat es die Funktion eines Charaktertests. Die möglichst schnell und bescheiden, von einem demütigen Lächeln oder Lachen begleitete Reaktion des Neuankömmlings dokumentiert, dass er seinerseits frei von Selbstgefälligkeit ist und somit den Test bestanden hat.

Komplimente

Während des geselligen Beisammenseins sprechen die Sufi-Männer sich immer wieder als „Bruder" an. Wie das oben beschriebene Begrüßungs- und Handkuss-Ritual, so hat auch dieses Kompliment den manifesten Bedeutungsgehalt, brüderliche Zuneigung auszudrücken. Der milieuoffizielle „primary Framework" (vgl. Goffman 1974: 21 ff.) des Kompliments ist es, die Absicht der eigenen Entwerdung im Bruder (als Vorstufe der Entwerdung in Allah) mitzuteilen. Doch das Schaykh-Kompliment ist – genauso wie im Übrigen auch andere ehrdistribuierende Höflichkeitsrituale – eine multifunktionale Technik, die gewissermaßen in andere Tonarten transponiert werden kann. So ist insbesondere auf den Testcharakter der Höflichkeitskommunikation zu verweisen. Jedes schmeichelnde Wort, jede Geste der Zuvorkommenheit kann auch zu einer Herausforderung moduliert werden. Es fordert dann die Selbstlosigkeit des geschmeichelten Gegenübers heraus, die sich an dessen Reaktion bemisst. Der Komplimentierte muss das verlockende Angebot, sich selbst am geschmeichelten Ego zu weiden, zurückweisen, wenn er sich nicht ehrlos verhalten will. Nur wer die Kunst einer gewandten und höflichen Zurückweisung beherrscht, die dem Schmeichler seinerseits schmeichelt, ist genießt jenes Maß an Anerkennung, dass ihm ein gewisses Standing garantiert. Die virtuose Beherrschung der Schmeichel- und Brüderlichkeitsdiskurse dient dann nicht mehr nur dazu, den eigenen Grad der Entwerdung gewissermaßen zu Markte zu tragen, sondern den Bruder im rhetorischen Kampf um knappe statusverbürgende Ehre niederzuringen. Die eigentümlich paradoxale Form dieser und anderer Höflichkeitsrituale, die das adab ausmachen, liegen in der Multifunktionalität der beschriebenen sufitischen Interaktionsrituale begründet (mehr dazu, vgl. Hüttermann 2002: 189-236). Gerade weil es kein offizielles, legitimes Prozedere für das Austragen von Rangordnungskonflikten geben darf, entwickelt sich die Höflichkeitskommunikation selbst zu einem mehr oder weniger subtilen Konfliktfeld.

Die sufitische *adab*-Höflichkeit zieht Konvertiten genauso in ihren Bann wie Revivalisten, Sucher und letztlich den Autor dieser Zeilen selbst, der sie im Verlaufe seiner Feldforschungen erlebte und genoss. Dem angehenden Derwisch fließt gerade zu Beginn seiner Konversion oder seines Revivalismus ein ungekanntes Maß an Ehrerbietung zu – so etwa durch Komplimente, liebevolle Gesten und Blicke, das

Andienen von Speisen und Getränken gerade durch statushohe Derwische, das Schenken von Aufmerksamkeit für entlastende Gespräche und für die Bekenntnisse des Hinzugekommenen, die Teilhabe am Gruppencharisma etc. Diesen Zufluss an höflicher Wertschätzung und Anerkennung zu erhalten und das eigne Selbstwertgefühl darauf zu gründen, ist das spontane Ziel eines jeden Einsteigers. Doch bald erfährt der Anfänger/die Anfängerin, dass der Zufluss an den Selbstwert steigender Ehrbezeugung abnimmt, wenn er/sie sich nicht selbst durch vielfältige Anstrengungen bemüht, auf dem steinigen Weg der spirituellen Heilskarriere voranzukommen. Er/sie verfällt daher in ein rastloses Läuterungsstreben. So sehr er/sie sich auf dem Pfad der Heilskarriere auch voran bewegt, der Zufluss an Ehrerbietung durch Mitbrüder und Mitschwestern bleibt stets wohl dosiert oder er wird gar durch Zurechtweisungen unterbrochen. Dazu ein Beispiel: Eine der konvertierten Sufi-Muslima, die der Autor im Rahmen seiner Forschungen interviewt hat, muss zu ihrer Verärgerung erleben, wie gebürtige Muslima ihr noch während eines Gebets in der Moschee die Kleidung zurecht zupfen, weil ihre Handgelenke nicht vorschriftsmäßig bedeckt gewesen seien. Hatte sie gerade noch geglaubt, am Ziel zu sein, zeigt sich jetzt, dass sie weitersuchen, Wissen akkumulieren und unreine Gewohnheiten abstreifen muss, um irgendwann anzukommen.

Infolge dieser und anderer Zurechtweisungen und Enttäuschungen bei gleichzeitig fortlaufender – wenn auch abgemessener – Einbeziehung in wechselseitiger Ehrbezeugung werden Konvertiten und Revivalisten in die Logik der Konversion bzw. des Revivalismus hineingezogen. Diese Logik ist aber andererseits auch dafür mitverantwortlich, dass gerade Konvertiten und Revivalisten, die geborenen Muslime bzw. die alten Hasen des Milieus an Frömmigkeit und Konsequenz zu überbieten trachten, nie restlos überzeugen können. Schon Merton stellte heraus, warum der Konvertit in einen Prozess der Überanpassung hineingezogen wird, der seine Anpassung letztlich verhindert, „(…) weil es ihm, was die soziale Gruppe angeht, in die er gerade eingetreten ist, aus Kenntnissen aus erster Hand mangelt. Infolgedessen versucht er, anders als die alteingesessenen Gruppenmitglieder, die diese Kenntnisse unbemerkt im Laufe ihrer Sozialisation erworben haben, sich strikt an den Wortlaut dieser Normen zu halten. Er wird zum rigiden Konformisten.

Der für die Soziologik bedeutsame Punkt ist, dass diese extreme Anpassung nicht notwendig deshalb auftritt, weil er eine „rigide Persönlichkeit“ ist, sondern weil er, in Ermangelung einer intimen Vertrautheit mit den Normen seiner neugefundenen Gruppe, gar keine andere Alternative hat, als die offiziellen Normen zur zwingenden Richtschnur seines Verhaltens zu erheben“ (Merton 1995: 335). Das was diese Situation zur Paradoxie werden lässt, ist, dass allen Perfektionismus zum Trotze die im Naqshbandiyya-Milieu aufgewachsenen, alteingesessenen, durch die Gnade der Geburt authentisch wirkenden Derwische (also die nichtkonvertierten und die nicht wiederaufgelebten Muslime unter den Sufi) den Konvertiten und den Revivalisten das Bemühtsein und die Anstrengung ansehen und gerade diese Anstrengung und Rigidität mit mangelnder Authentizität verbinden. Und diesen Mangel an Authentizität spiegeln sie den konvertierten und wiedererweckten Derwischen en passant zurück – ganz so, wie das Establishment den Parvenü an dessen Herkunft zu erinnern pflegt, wenn es geboten scheint, ihn in seine Schranken zu weisen.

Die Paradoxie der Konversion betrifft nicht nur die Zirkulation von Ehrerbietung, sondern auch den Komplex der spirituellen Hygiene (z. B. die Bewältigung des verlockenden Anblicks einer attraktiven Frau durch Gebet, Gottgedenken und entlastende Gespräche mit den Brüdern). Eine besondere Rolle spielen hier die *nafs*, die vom Ego ausgehenden und auf das Ego ausgerichteten Neigungen. Sufi-Geschichten berichten, dass die *nafs* als schwarze Hunde, in der Gestalt eines Fuchses oder als Mäuse aus dem Körper entweichen, um dem sich reinigenden Selbst im Kampf gegenüberzutreten. Die Idee, dass sie aus dem Körper entweichen zeigt, dass die *nafs* in der Vorstellung der Sufi mit der menschlichen Natur eng verbunden sind oder ihr doch sehr nahekommen.[53]

Doch allem Läuterungs- und Reinheitsstreben zum Trotz ist der „Wiedereintritt" des aus der ehrwürdigen Brüderlichkeit verbannten Schmutzes in die Mitte der Brüder und Schwestern aber nicht zu vermeiden. Je mehr Nachdruck die Brüder auf Rituale und Kommunikation der Ehrerbietung legen, desto deutlicher zeichnet sich die eigene Verschmutzung ab. Das geschieht im Milieu der Derwische u. a. folgendermaßen: Reziproke brüderliche Schmeicheldiskurse – als Bestandteil der *adab*-Höflichkeit – kommunizieren zum einen Selbstlosigkeit, zum anderen aber auch eine gewisse Verlockung zu ungebührlichem Selbststolz. Der mit Komplimenten bedachte Bruder/die Schwester muss sich permanent der Versuchung erwehren, sich

---

53 Hier zeigt sich eine Parallele zwischen christlichem und sufitischem Menschenbild. In der christlichen, insbesondere durch Augustinus' Bekenntnisse geprägten Tradition hat sich das Böse nach dem Sündenfall als Erbsünde im Innersten des sündenanfälligen Menschen angesiedelt. Der Mensch ringt seither mit sich selbst. Das Böse und die Schuld sind ihm innerlich. Dies begründet sein innengerichtetes Ressentiment, an dem Nietzsches Denken Anstoß nahm. Der Mensch des Christentums ist sich nie sicher, auf der richtigen Seite zu stehen oder die richtige Wahl zu treffen. Folglich stellt er sich selbst unter Generalverdacht. Angesichts seiner verderblichen leiblichen und (bei Augustinus auch) seelischen Natur ist er genötigt, seinen „guten Willen" beziehungsweise sein Gewissen immerfort in foro interno zu prüfen und in Frage zu stellen. Die Möglichkeit der Versuchung durch den Teufel ist denn auch deshalb besonders ausgeprägt, weil die urschuldige, verderbliche Menschennatur diesem seit jeher zuneigt. Dem Islam ist die Idee der Erbsünde zwar grundsätzlich fremd. Aber das heißt nicht, dass der Generalverdacht gegen die eigene Person, sich hier nicht auch – beispielsweise im Bereich des Sufismus herausbilden kann.

in Selbstgefälligkeit zu verlieren. Zugleich aktualisiert der ehrerheischende Altruismus des sich andienenden, zuvorkommenden Bruders die Versuchung, für sich selbst wohlfeile Wertschätzung und Ansehen zu erlangen. Ehrerweisung gegenüber dem Bruder geht also immer mit Selbstehrung einher. Die gottdurchwirkten Diskurse der Brüderlichkeit verschaffen auf diese Weise dem Bösen in der Wahrnehmung der Derwische eine Prominenz, die es in anderen Diskurstypen kaum erlangen könnte. Der Derwisch versucht sich dieser Konsequenz zu entwinden, indem er sich engagiert, um noch mehr in Brüderlichkeit aufzugehen. Doch šayṭān (Satan) und das eigene Ego werden eben darum der eigenen Wahrnehmung umso gegenwärtiger, und der Schleier eines latent gehegten und sich im Verlauf der Heilskarriere noch steigernden Verdachts gegenüber den möglicherweise bloß profanen, unbrüderlichen und unehrenhaften Charakter der Motive des eigenen und auch des mitbrüderlichen Selbst legt sich über die wechselseitige Wahrnehmung der Derwische.

In ihrem paradoxalen Charakter liegt ein Teil der eigentümlichen Bindungskraft der milieuzentrierenden Brüderlichkeits- und Schmeicheldiskurse begründet. Während sie einerseits dem Bösen und dem Dekadenten in der Beobachtung sowohl der sozialen Umwelt als auch der eigenen ursprünglich in eben dieser sozialen Umwelt entwickelten Bedürfnisse respektive der eigenen Vergangenheit zu immer größerem Gewicht verhelfen, verweisen die Brüderlichkeits- und Schmeicheldiskurse andererseits auf die einzige Möglichkeit, dem Bösen zu entgehen; nämlich auf die der Welt der Brüder und Schwestern innewohnende Chance, an der transzendenzdurchwirkten brüderlichen Unmittelbarkeit teilzuhaben. Von dem Versprechen zehrend, dass brüderlich-rituelle Entwerdung die Überwindung *šayṭāns* beziehungsweise des egozentrierten Denkens verbürgt, treiben sich die sich selbst purifizierenden Gläubigen zu immer regerem sunnagemäßem Tun an. Letztlich findet aber selbst die sufitische Gründung im Grundlosen keine abschließende Auflösung. Vielmehr stellen die Derwische die paradoxe Einheit der Differenz von Vertrauen/Misstrauen, Heil/Verdammnis und Gewissheit/Verdacht und damit auch das Milieu auf Dauer, indem sie diese Paradoxie in ein zeitliches Nacheinander bringen bzw. indem sie sie biographisch ausleben.

So integriert die brüderliche Höflichkeit den einzelnen Derwisch durch ihre paradoxale Grundstruktur. Sie integriert weil sie suggeriert, dass die ersehnte Auflösung der Paradoxie nur auf dem Pfad der Derwische möglich ist, der aus einer hierarchisch und sequenziell strukturierten Läuterungskarriere besteht. Die profane Umwelt wird als ein gottferner Ort der Verirrung dagegengehalten. Ein Engagement in dieser Welt gilt bestenfalls als notweniges Übel. Diese äußere Welt zu ändern, ist nicht die erste Aufgabe des Sufi. Es gilt, sich stattdessen der nicht enden wollenden Einbrüche des Schmutzes in die gottdurchwirkte ehrenhafte Gemeinschaft zu erwehren und die endogene Verschmutzung (durch die *nafs*) zu stoppen. Dabei geht es um einen Schmutz, der vor allem durch die Schlupflöcher der biographischen Vergangenheit immer wieder in die Gemeinschaft eindringt. Selbst Höflichkeitskommunikation und Andachtspraktiken vermögen ihn nicht restlos zu beseitigen. Schon die eine oder andere unbedachte Bemerkung, die spontane Regung oder Äußerung eines moralischen Gefühls an einer unpassenden Stelle oder einfach Missverständnisse fördern zutage, dass Derwische unweigerlich individuelle, biographisch sedimentierte Selbstverständlichkeiten in das Milieu einfließen lassen – Selbstverständlichkeiten, die sich nie restlos in die lebensweltliche Ordnung des Milieus fügen. Im Gegenteil: Je näher der Derwisch dem Heiligen in virtuoser Ausübung der sufitischen Rituale und Praktiken kommt, umso präsenter wird der innere Schmutz der biographischen Vergangenheit und der *nafs* im zunehmend selbstkritisch werdenden Bewusstsein des Derwisches. Selbstpurifizierung und Selbstverschmutzung sind hier gewissermaßen zwei Seiten derselben Medaille – der sufitischen Heilskarriere.[54]

4.2.2 Die neo-salafistisch-djihadistische Paradoxie der Selbstpurifizierung

Betrachtet man den Chat der Verschwörergruppe und zudem noch die Videos und Audios, deren Links sich die Mitglieder gegenseitig empfehlen, so wird ersichtlich, dass auch hier die Paradoxie eines Schmutz generierenden Reinheitsstrebens zum Dreh und Angelpunkt des Engagements und der sozialen Kohäsion wird. Gerade weil sie nicht einfach aufzulösen ist, müssen sich die Beteiligten ihr widmen, indem sie a) eine Art Gemeinschaft errichten und b) eine Heilskarriere einschlagen. Ab genau an diesem Punkt beginnen die wesentlichen Unterschiede. Während die Sufis eine meditative, auf Innerlichkeit und Raffinement des Habitus und *adab*-Pflege beruhende Heilskarriere bzw. Entparadoxierung verfolgen, ist die Heilskarriere der neo-salafistischen Verschwörer gegen das Äußere gerichtet. Der Schmutz, den es zu beseitigen gilt, ist also nicht primär der Schmutz, der durch den Quell der eigenen, leibvermittelten Begierden und Neigungen entsteht, den *nafs*, sondern es ist der Schmutz, der von außen kommt. Die Mittel, mit denen dieser von außen kommende Schmutz bekämpft werden soll, ist dementsprechend nicht primär

54 Der Zusammenhang von Selbstpurifizierung und Selbstbeschmutzung wird auch am Fallbeispiel einer islamistischen Revivalistin deutlich, das Karin Werner (1999: 263 f.) vorstellt.

das außerweltliche meditative Gebet oder gar das Gottgedenken, der *ḏikr*[55], den Neo-Salafisten als Häresie ablehnen, sondern der innerweltliche Akt der Befreiung von Verunreinigungen. Weil der Quell der Verschmutzung extern und die Verunreinigung als exogen aufgefasst wird bzw. außerhalb der Gemeinschaft der reinen Muslime verortet wird und weil die Neo-Salafisten sich gleichsam in einem permanenten Belagerungszustand sehen, in dem sie sich von den Akteuren der spirituellen Kontamination bedrängt wähnen, wendet sich das Reinheitsstreben weniger nach innen sondern primär nach außen: Die Läuterung des Selbst erfolgt hier als symbolische und schließlich tätige Extermination des Außen.

Die den vermeintlich reinen, und ursprünglichen Islam verstellenden Verunreinigten sind in der Vorstellung der neo-salafistischen Djihadisten nicht allein in der außerislamischen Welt zu verorten, sondern mindestens genauso in der sich selbst muslimisch dünkenden Welt, die die Djihadisten schließlich als nichtmuslimisch entlarven. Selbst aus der Welt der Djinnen, jenen unsichtbaren, aus rauchlosen Feuer geschaffenen Wesen, unter denen in der Vorstellung vieler Muslime sowohl Gläubige als auch Ungläubige sein können und die meist unbemerkt und unsichtbar unter den Menschen weilen, droht Gefahr. Die WhatsApp-Kommunikation der neo-salafistischen Verschwörer vermittelt davon einen plastischen Eindruck, der zugleich auch einen grundlegenden Unterschied zwischen Sufitum und neo-salafistischen Djihadismus offenbart.

Djinnen im Abflussrohr

Verschwörer A: „Wie geht das Bittgebet, wenn man Toilette betritt? Es gibt so eine dua [Bittgebet]. Kannst du das nochmal sagen laut und langsam?"

Verschwörer B: „Allahumma inni a'udhubika min al Khubthi wa-l Khaba'ith. Das erste beim reingehen."[51]

Verschwörer A: „Okay. Endlich jetzt kann ich auf Toilette."

Verschwörer B: „Bruder warst du jz die ganze Zeit nicht auf Klo aus Angst das dort ein jann ist ? Bruder die haben mehr Angst vor uns als wir vor denen, weil die ganz genau wissen das wir Waffen gegen sie haben?"

---

55 Der *ḏikr* ist ein sufitisches Ritual, das in vielfältiger Weise durchgeführt wird. Bei ihm handelt es sich um ein mal individuell meditativ und mal gemeinschaftlich-meditativ durchgeführte Gedenken Gottes, der durch das Ritual im Adapten so weit zur Anwesenheit gebracht wird, wie es ein sterblicher Mensch gerade noch zu ertragen vermag.

56 Auf dem Youtube-Portal finden sich Audios, die sich mit der Abwehr von Djinnen befassen (vgl. https://www.youtube.com/watch?v=rEfS5K9YYLs).

Verschwörer A: „Ich will die nur nich sauer machen."

Verschwörer B: „Bruder das ist dein Haus. Die haben eigentlich nicht mal ein Recht einfach rein zu kommen. Zahlen die Miete?"

Verschwörer A: „Außerdem wohnen viele auch in einem Abflussrohr. Es gibt Gelehrte, die sagen, man soll kein heißes Wasser deswegen in Abfluss kippen, weil du jinn treffen kannst."

Verschwörer B: „Und selbst wenn du das tust, können die nix machen, wenn du Schutzsuren liest."

Betrachtet man diese Sequenz, so zeigt sich: Ein einfaches, wie eine „Instrument" einzusetzendes Gebet (einer „Schutzsure") gegen die übersinnlichen Djinnen reicht hin, die exogene, aus der Nebenwelt kommende Verschmutzungsgefahr abzuwenden. Auf den ersten Blick mag Außenstehende erstaunen, dass die lästigen Geistwesen nicht einfach symbolisch verdammt werden oder dass ihre Existenz nicht dogmatisch in Abrede gestellt wird. Doch das Problem ist, dass die Djinnen im Koran selbst erwähnt werden (vgl. Sure 72). Und dort ist auch bezeugt, dass es unter Djinnen nicht nur Ungläubige, sondern auch Muslime gibt. Somit stehen die Djinnen grundsätzlich unter Allahs Schutz und können allenfalls durch Gebete auf Abstand gebracht, aber eben nicht vernichtet werden.

Der für den Vergleich mit den Sufis soziologisch bedeutsamen Aspekt ist der Folgende: Während das Gebet des Neo-Salafisten hier den äußeren Schmutz auf Distanz zum Gläubigen hält, dienen sufitische Gebete und Andachtszeremonien primär dazu, den endogenen, durch die *nafs* erzeugten Schmutz (abwegige Wünsche, illegitime Neigungen etc.) von der Person zu entfernen. Anders gesagt: Die religiöse Praxis des Neo-Salafisten zielt mit Blick auf die Djinnen auf die ethisch-religiöse Imprägnierung und Abschirmung des reinen Selbst, während die Praxis der Mystiker ein innerer, selbstprüfender Reinigungsprozess ist, der damit rechnet, dass das eigene Selbst in subtiler Weise Unreines hervorzubringen vermag. Zwar ist auch dem Naqshbandiyya-Sufitum die Beschäftigung mit lästigen Djinnen nicht fremd. Doch im Vergleich mit dem neo-salafistischen Milieu hat dies nur einen sehr nachrangigen Stellenwert. Das erstrangige Heilmittel ist hier die im brüderlichen Liebeskommunismus eingebettete spirituelle Hygiene, mittels derer der einzelne sich selbst, sein innerstes Sinnen und Trachten unter permanenten Verdacht stellt. Den neo-salafistischen Djihadisten liegt ein solcher, die innere Natur des Selbst infrage stellender Problemlösungsansatz dagegen vergleichsweise fern, weil die Natur des Bösen, auf seinem exogenen Ursprung beruht.

Der Grundzug des neo-salafistischen Milieus – die Genese des Bösen und des Unreinen radikal zu externalisieren, sie außerhalb der eigenen Psyche und der persönlichen Verantwortung zu verorten, um den Quell des Unreinen zu vernichten – wird in den letzten Jahren zunehmend durch selbsternannte Heiler*innen bedient. Sie setzen in ihren „Therapien" bei den Djinnen und anderen bösen Geistwesen an. Sie machen von Iblis (Satan) gesteuerte Djinnen für körperliche wie psychische Krankheiten verantwortlich. So betätigt sich beispielsweise auch der ehemalige Spiritus Rektor der so genannten „Lohberger Brigade" – einer Gruppe von Djihadisten, die aus dem Dinslakener Stadtteil Lohberg stammen und im Jahre 2013 nach Syrien ausgewandert sind, um dort am vermeintlichen Djihad teilzunehmen – inzwischen (im Jahre 2016) auf dem Gebiet der „Koran Heilung". Er empfiehlt seinen „Klienten/Patienten/Kunden" in netzbasierten Videos, Koranverse in Wasser aufzulösen und zur Heilung einzusetzen. Die Verse sollen zuvor mit zum Verzehr geeigneter Tinte auf Esspapier gedruckt sowie mit Ölen und Pflanzenextrakten angereichert werden. Er empfiehlt die Lösung zu trinken, zur Körperhygiene zu verwenden und/oder in die Ecken der Wohnung zu sprühen – genau dort also, wo sich Satan und böse Djinnen festsetzen mögen.

Vom der so genannten Koran Heilung und dem dargelegten Grundzug des neo-salafistischen Milieus ist keine unilineare Entwicklung zum politischen Djihadismus unserer Tage ableitbar. Tatsächlich ist die Strategie, den Quell des Bösen radikal zu externalisieren, auch anderswo und nicht zuletzt in nichtmuslimischen Religionsgemeinschaften beobachtbar. Und es ist auch nicht ausgeschlossen, dass die neo-salafistische Heiler-Szene sogar dazu beitragen kann, gescheiterte djihadistische (Heils-)Karriere-Pläne in gewaltlose Bahnen umzulenken. Denn der Widerspruch, dass die Djinnen einerseits als möglicher Quell des Unreinen, andererseits aber als unantastbar gelten, bietet grundsätzlich das Potenzial für neue, Lebenszeit beanspruchende Paradoxien bzw. neo-salafistische Heilskarrieren jenseits des Djihadismus.

Doch dem Autor geht es an dieser Stelle nicht um die Identifizierung verantwortlicher „Urheber" der Radikalisierung neo-salafistischer Djihadisten, und es geht ihm auch nicht darum, den besagten Grundzug des neo-salafistischen Djihadismus als primäre Ursache für dessen Genese zu identifizieren – es geht ihm vielmehr um die Erkenntnis, dass der neo-salafistische Djihadismus ohne diese Voraussetzung und ohne den Willen, das eigene Heil – anders als etwa bei den Naqshbandi-Sufis – primär durch die Externalisierung und Extermination der Unheilsgenese zu erlangen, nicht auskommt.

Das zeigt sich deutlich, wenn statt Geistwesen – von denen Menschen laut Koran nicht wissen können, ob sie Muslime sind oder nicht, so dass sie unter besonderen Schutz stehen –Menschen als Urheber des Bösen und des Unreinen identifiziert werden. Dann geht es den Gerechten nicht mehr nur um Prävention und Distanzierung. Gegen diejenigen, welche die Reinheit des Islam und der Umma beschmutzen, müssen drastischere Maßnahmen angewandt werden. Jetzt geht es um die physische Vernichtung, um soziale Säuberungen, die durch vermeintlich ethisch-religiöse Argumente vorbereitet werden, bei denen es sich um eine sehr einfach gestrickte identifizierende Kritik handelt, die den Andersdenkenden und Andersgläubigen zum Häretiker erklärt. Diese Kritik zielt immer auf die symbolische Entmenschlichung der Gegner, um ihre physische Vernichtung emotional bzw. durch das Evozieren von Hassgefühlen zu rechtfertigen. Dazu das Beispiel eines Web-basierten Videos, das sich die Mitglieder der Chatgruppe gegenseitig empfehlen:

Neo-salafistisches Schmäh-Video zu den Aschura-Ritualen der schiitischen Gruppe der Rāfiditen[57]

1. Szene: Ein Mann – offenbar ein rāfiditischer Gelehrter oder Geistlicher – in seinen 30ern, mit weißem Hemd und in einen weit geschnittenen schwarzen Anzug gekleidet, sitzt auf einem reich verzierten Holzsessel und doziert. Der Gelehrte wird im weiteren Verlauf des Videos immer mal wieder kurz eingeblendet. Er spricht in englischer Sprache zu einem Publikum, das allerdings nicht im Bild ist, sondern im Rücken der Kamera bzw. des Betrachters vermutet werden muss. Während er doziert, scheint er jedes seiner Worte abzuschmecken und zu genießen. Den nachstehend zitierten ersten und einzigen Satz der ersten Videoszene, verziert er mit einer schwungvollen Bewegung seiner Hand bzw. seines ausgestreckten Zeigefingers: „Sie nennen uns nicht Schiiten, sondern Rāfiditen."

Schnitt, 2. Szene: Eine Menge von Männern, wahrscheinlich allesamt Rāfiditen, stürmt laut rufend und unübersehbar enthusiastisch gestimmt durch das Eingangsportal eines Sakralgebäudes. Die Kamera steht im Inneren des Gebäudes. Man gewinnt den Eindruck, als ergösse sich eine Menschenflut durch eine sich schnell öffnende Schleuse in ein Auffangbecken.

Schnitt, 3. Szene: Eine Masse junger Schildkröten wird in eine Plastikwanne gekippt. Die Kamera zeigt diesen Prozess aus der Perspektive des Wanneninneren, so dass sich, ganz ähnlich wie in der vorausgegangenen Szene, der Eindruck ergibt, als würde ein Behältnis geflutet.

---

57 Die Beschreibung der Bild und Ton-Inhalte sowie die Übersetzung von gesprochenem Wort und Texteinblendungen hat der Autor angefertigt.

Schnitt, 4. Szene: Eine Menge von rhythmisch klatschenden, springenden und „Hussein!" skandierenden Männern befindet sich in offensichtlicher Ekstase. Sie schlagen sich fortwährend mit beiden Händen gegen Kopf und Stirn. Atmung und Bewegungen der einzelnen sind durch diese Aktivitäten so getaktet und synchronisiert, dass die vielen Körper gewissermaßen einen einzigen Gruppenkörper bilden. Zugleich vernimmt man einen lautsprecherverstärkten Sprechgesang unterlegt, der der dem Geschehen eine metaphysische Aufladung gibt. Am Rande des dynamischen, zuckenden und tanzenden Gruppenkörpers kommt eine andere Gruppe von Männern ins Bild, die sich auf dem Boden kriechend fortbewegen. Die Gruppe der sich in Trance Tanzenden feuert die Kriechenden in ihrer Ekstase an. Beide Gruppen (die Tanzenden und die Kriechenden) scheinen sich in ihrem Tun so zu ergänzen, dass sich eine umfassende kollektive Efferveszenz ergibt. Drama und Ritual fließen in diesem rauschhaften Geschehen so zusammen, wie es Nietzsche beschreibt, wenn er das Dionysische behandelt.

Schnitt, 5. Szene: Der auf dem Sessel Thronende ruft triumphierend aus: „Und was für eine Ehre es ist, ein Rāfidit genannt zu werden!"

Schnitt, 6. Szene: Es folgen Nahaufnahmen von den auf dem Boden Kriechenden, welche die Rede von der Ehre buchstäblich in den Schmutz ziehen sollen. Eine mit goldenen Fransen geschmückte grüne Fahne wird über den Köpfen der Kriechenden geschwenkt. Eine mit Lautsprechern verstärkte, donnernde und von allen Seiten wiederhallende Stimme, die hier wie die einpeitschende Stimme eines Stadionsprechers anmutet, ruft: „Hussein!" Zugleich erklingt ein ebenfalls offenbar über Lautsprecher verstärkter Sprechgesang, der wie ein Ezan klingt, und doch nur die eine Botschaft mitteilt: „Hussein, Hussein…!".

Schnitt, 7. Szene: Nahaufnahmen von Myriaden von Kakerlaken, die auf aufgestapelten Rohren herumkriechen, während der efferveszente Sprechgesang weitererklingt, ganz so als sei das Ungeziefer Teil des Aschura-Rituals der Rāfiditen oder als seinen die Rāfiditen selbst Ungeziefer.

Schnitt, 8. Szene: Die auf dem Sessel thronende Person doziert: „Man nennt uns Rāfiditen, was ‚die Zurückweisenden' bedeutet!"

Schnitt, 9. Szene: Im Bild ist eine Gruppe von Gläubigen, die um eine große Schlammpfütze herumstehen und sich und einander mit Matsch beschmutzen. Einige Männer legen sich gar rücklings in den Schlamm, um sich darin zu wälzen.

Schnitt, 10. Szene: Man sieht, wie sich Hausschweine zufrieden grunzend in einem Pfuhl wälzen. Im Hintergrund sind lachende Frauenstimmen zu vernehmen. Ein Text wird eingeblendet: „Die Zurückweisenden des Heiligen und der Reinheit".

Die Mitglieder der Chat-Gruppe reagieren auf dieses Video mit Äußerungen, die gegenüber den geschmähten Häretikern Hass und nackten Vernichtungswillen zum Ausdruck bringen. Sätze wie: „Der drecks shia“ oder „Mit Helikopter kommen und alle mit eine mg abknallen!“ oder: „Die gehören vergast!“ lassen in ihrer Deutlichkeit keinen Zweifel. Vermeintliche auf den Islam bezogene Begründungen derartiger Äußerungen kommen an dieser Stelle nicht zur Sprache; sie sind auch nicht notwendig, weil die Beteiligten sich in ihrem Urteil darüber schon außerhalb der Chatgruppe eins geworden sein müssen. Wie auch immer diese, auf den Islam referierende Begründungen im Vorfeld artikuliert worden sein mögen, es ist davon auszugehen, dass sie die Form einfacher identifizierender Kritik hatten, die dem oben beschriebenen Grundzug neo-salafistisch-djihadistischen Denkens entsprochen hat.

An dieser, durch das Schmähvideo markierten Stelle der chatbasierten Attentatsvorbereitung geht es den Beteiligten um die Kommunikation gemeinsam geteilter, selbstaffirmativer moralischer Entrüstung über eine von Häretikern zu verantwortende Beschmutzung des Islam. Das, was hier nicht ausdrücklich erwähnt wird, nämlich das zu diesem Zeitpunkt längst festgelegte Attentatsziel, ist in den zitierten Vernichtungsphantasien implizit präsent. Denn die moralische Entrüstung fungiert in dieser Phase der Attentatsvorbereitung nur noch als Einstimmung in die letztendliche Durchführung des Anschlags. In den Augen der Attentäter gelten die Sikhs als Urheber von Verunreinigung des Islams. Wie andere vermeintlich abirrende Religionsauffassungen, die zur Zielscheibe des IS und seiner globalen Verzweigungen geworden sind, entstand auch die Sikh-Religion in einem vom Islam geprägten Herrschaftskontext. Der Sikhismus nahm Elemente des Islams auf (u. a. des Sufitums) und kombinierte diese mit anderen religiösen Grundsätzen. In den Augen radikaler Salafisten machen sich die Sikhs damit des širks, der Beigesellung (anderer Götter an die Seite Gottes) schuldig und sind somit todeswürdige *kuffār*. Tatsächlich stehen die Sikhs in einem nachhaltigen, bis in Gegenwart reichenden und sich ins Internet fortsetzenden Konfliktverhältnis zu rigiden muslimischen Gruppierungen (vgl. Cole/Sambhi 1995: 42f.).[58]

Über die Quelle dieser und anderer zugrunde liegender Vernichtungswünsche können plausible Annahmen formuliert werden, die ihre Herkunft betreffen. So sind die Propagandavideos, Bücher, Audios und nasheeds, die sich die Gruppenmitglieder gegenseitig empfehlen, soweit der Autor dieser Zeilen es beurteilen kann, zum größten Teil Produkte von Propagandisten des so genannten Islamischen Staates

58 Im webbasierten IS-Magazin Dabiq (Bd. 12/November 2015: S. 43) heißt es: „So the kuffār – whether they are Catholic, Protestant, (…) Hindus, or Sikhs (…) they are ultimately allies of one another against Islam and the Muslims.“

und seiner webbasierten Verzweigungen. Ein anderes Indiz für die IS-basierte Inspiration der Verschwörer ist, dass sie dieselben Feindbilder pflegen, wie die Auslandspropaganda der IS-Zeitschrift Dabiq. Letztere befasst sich schwerpunktmäßig mit innermuslimischen Häretikern, gleich ob diese in traditionell vom Islam geprägten Herkunftsländern oder auf anderen, z. B. westlichen oder nahöstlichen Bühnen der Weltgesellschaft agieren. Die von dieser Propaganda inkriminierten Gruppen verstehen sich zum großen Teil selbst als Muslime oder haben, wie die Sikhs historische Berührungspunkte mit dem Islam.

Der Vernichtungswille der Chat-Gruppe und der IS-Propaganda wendet gegen diejenigen, von denen sie glaubt, dass sie die Wahrheit des reinen Islams eigentlich kennen müssten, da sie sich selbst als Muslime verstünden und als solche aufträten, aber diese Wahrheit wider besseren Wissens verleugneten. Feinde sind hier u.a. die Schiiten und darunter zuvörderst Rāfiditen, von denen im oben beschriebenen Video die Rede war. Ihre Tötung wird nach dem Verständnis der Attentäter und der IS-Propaganda für alle wahren Muslime zum moralischen Gebot. Unter den zahlreichen Persönlichkeiten, die in der IS-Propaganda gebrandmarkt werden, gehören neben den obligatorischen westlichen Symbolfiguren – etwa dem Papst oder US Präsident Obama – vor allem Muslime wie der türkische Staatspräsident, der seine verdeckte Unterstützung für den IS offenbar aufgekündigt hat, und auch die Führer der palästinensischen Hamas-Bewegung sowie das iranische Staatsoberhaupt Ali Khamenei und nicht zuletzt der deutsche Prediger Pierre Vogel.[59]

Auch die Moslembruderschaft und Al-Qaida sind Zielscheiben sowohl der IS-Propaganda als auch der Chatgruppe.[60] Dies vor allem deshalb, weil sie eine Kernpraxis der djihadistischen Neo-Salafisten ablehnen, nämlich die virtuose Durchführung von *takfīr*. *Takfīr* ist die Praxis, den Islam zu „reinigen", indem man sich 1. vom vermeintlichen (Nest-)Beschmutzer bzw. Verunreiniger abgrenzt bzw. sich selbst oder – bei günstiger Machtposition – den anderen auf Distanz bringt, 2. sie sodann öffentlich als Apostaten bzw. *k*āfir (Plural: *kuffār*) stigmatisiert und

59 Zwar gilt letzterer hierzulande als charismatische Schlüsselfigur der neosalafistischen Missionierung und der Anwerbung von IS-Kämpfern, doch nachdem er öffentlich kundtat, dass er ggf. Terroristen bei der Polizei anzeigen wolle, hat er sich in den Augen des IS und auch der Chatgruppe zum Häretiker gewandelt.

60 Hier der Textauszug eines kurzen Wortwechsels in der Chatgruppe zur Al Nusra-Front, die sich bis zum Juli 2016 – also noch während der Zeit des Chats – als Unterorganisation von Al-Qaida begriff: „Habe ein Drecks nusra Boy gefunden. Ja hab auch gemerkt, dass der für Nusra ist. Was n hund. Lass [uns] das melden."Im Juli 2016 hat sich die Organisation offiziell von Al-Qaida losgesagt.

damit 3. schließlich zum Tode verurteilt. Die exzessive Anwendung der *takfīr*-Praxis wird im Mainstream-Islam zumeist sehr kritisch gesehen.[61]

Im Chat der Verschwörer, der doch eigentlich der Koordinierung von Attentatsvorbereitungen dienen soll und in dessen Rahmen der „Emir" der Gruppe theologische Debatten immer wieder mit der Begründung abwürgt, dass die Beteiligten sich aufs „Wesentliche" (die Attentatsvorbereitung) beschränken sollten, kommt der Begriff *takfīr* achtundvierzig mal vor.[62] Er bezieht sich zum Beispiel auf die historische religiös-politische *murǧiʾa*-Bewegung, die sich für die Überwindung innerislamischen Spaltungen der Frühzeit einsetzte. Entscheidend für die Verurteilung der *murǧiʾa*-Bewegung ist, dass sie sich gegen die *takfīr*-Praxis unter anderem der radikalen Charidschiten wandte, weil nur Gott allein und nicht der Mensch wissen könne, wer ein wahrer Muslim sei (vgl. Ess 1991: 152-221). Im wahhabitisch-salafistischen Kontext gilt das Adjektiv „murdschiitisch" heute als Synonym für Laxheit im Glauben und wird zum Stigma für vermeintliche Häretiker. Der Begriff *murǧiʾa* ist entsprechend zum Kampfbegriff avanciert. So auch

61 In den Anfängen der islamischen Zeit haben religiöse Eiferer-Bewegungen der Charidschiten (englisch: Khawārij) die *takfīr*-Praxis gewissermaßen zu einem ihrer Grundpfeiler erhoben. Er bestimmte ihr Glaubensleben und ihren politischen Kampf gegen die dominierenden muslimischen Strömungen. Während der Mainstream-Islam die Anwendung der *takfīr*-Praxis bis heute eher kritisch beurteilt und die Charidschiten selbst als Häretiker betrachtet, gewannen sie spätestens mit dem Aufkommen der Moslembruderschaft in Ägypten wieder an Bedeutung (vgl. Encyclopedia of Islam, Bd. K: 1076 ff.).

62 Ein anderer in enger Beziehung zum *takfīr*-Konzept stehender Begriff, *k*āfir (plural: *kuffār*), findet vierundvierzigmal Verwendung – diese Zählung berücksichtigt die unterschiedlichen Schreibweisen des Begriffes. Dazu sei ein Textauszug aus dem Chat angeführt, in dem es um den radikalen neosalafistischen Prediger Abu Nagie geht, dem Begründer der die deutsche Öffentlichkeit bewegenden Koran-Verteilungsinitiative („LIES!"), der von einem Mitglied vorab schon als „Drecks abu nagie" betitelt worden ist. Zur Einordnung sei vorausgeschickt, dass Erdogan aus der Sicht der Chatgruppe dem islamischen Recht demokratische, menschengemachte Gesetze vorzieht und sich somit als *kāfir* zu erkennen gibt. Vor diesem Hintergrund textet nun Verschwörer E mit Blick auf ein anderes Mitglied der Gruppe: „Du bist [als Erdogan-Gegner] laut abu nagie ein Heuchler. Er nannte jeden Heuchler, der gegen Erdogan ist. [Das ist] ganz klar kufr Satz". Wenige Zeilen zuvor hat ein anderes Gruppenmitglied schon den radikalen neosalafistischen Prediger Pierre Vogel als *kāfir* bezeichnet. Desweiteren steht noch der Begriff Aqida, der in etwa ‚Glaubensgrundsatz' bedeutet, im funktionalen Zusammen hang mit dem *takfīr*-Konzept. So wird mehrmals betont, dass man bei möglicherweise unzuverlässigen Muslimen und potenziellen zukünftigen Kampfgefährten erst einen „Aqida-Test" durchführen sollte. Da bei Nichtbestehen eine *takfīr*-Stigmatisierung ansteht, verweist die Verwendung des *ʿaqīda*-Begriffs in der Chatgruppe immer auch auf *takfīr*.

in der Chat-Gruppe, in der ein Mitglied (Verschwörer E) Vertreter abweichender Auffassungen vom Islam, von denen Fotos herumgereicht worden sind, als „drecks murji" bezeichnet, denen gegenüber er *takfīr* erklärt habe. Selbstzweifel an dieser Proklamation von religiös begründeten Vernichtungsabsichten sind nicht zu erkennen: Verschwörer E, ein Mitglied der Gruppe schreibt dazu: „Wie kann man ein Fehler im Takfir auf mushrikeen[63] machen?"

Dass der *takfīr*-Begriff so häufig im Chat verwand wird, hängt zum einen damit zusammen, dass er in der Propaganda des neo-salafistischen Djihadismus seit 2015 eine zunehmend größere Rolle spielt. Während etwa die IS-Propaganda in den ersten fünf Ausgaben des Dabiq-Magazins noch kaum auf den *takfīr*-Begriff rekurriert, wird dieser in den darauf folgenden Publikationen (ab Anfang 2015) zum Teil hochfrequent verwandt. Zwar war schon stets gewiss, dass wer immer zur Zielscheibe der IS-Propaganda wurde, damit zum Vogelfreien gestempelt wurde, doch die hochfrequente Verwendung der *takfīr*-Semantik eröffnet nun auch der Chatgruppe die Möglichkeit, die Vernichtungshandlungen und Säuberungsphantasien der Gotteskrieger metaphysisch bzw. religiös zu überhöhen. Es ist davon auszugehen, dass diese propagandistische Strategie durch die Rezeption des Dabiq-Magazins sich schon vor Gründung der Chatgruppe (zu Beginn des Jahres 2016) auf die Gewaltfantasien und Attentatspläne ausgewirkt haben muss. Dass der *takfīr*-Begriff schließlich so häufig im Chat verwandt wird, hängt offenbar auch damit zusammen, dass es in der Gruppe noch im Moment der Attentatsvorbereitung ein Bedürfnis gibt, die eigene Entschlossenheit zum Attentat immer wieder aufs Neue mittels theologisch-metaphysischer „Argumente" zu festigen und damit moralisch zu legitimieren.

Beispielhaft für die Verwendung des Begriffs in der Gruppe ist eine Chat-Sequenz, in der ein Mitglied, Verschwörer E, seinen Brüdern ein über das Internet zu beziehendes Propaganda-Audio[64] empfiehlt, das zumindest einer der Mitglieder (Muhammad Shami) umgehend anhört und kommentiert. Die scharfe und laute Tonart der in deutscher Sprache gehaltenen Rede des Predigers Ebu Tejma unter dem Titel „Angelegenheiten des Tauwhid[65]" mutet wie eine Schimpfkanonade an, in der ihr Autor – offenbar in Anwesenheit von Zuhörern, die sich ab und an durch Applaus oder zustimmendes Raunen bemerkbar machen – in beinahe rhythmischer

63 Der Begriff *mušrikūn* (Plural) bezeichnet Häretiker, die sich des *širks* (bzw. der Beigesellung) schuldig machen, indem sie neben Gott auch andere Wesen oder Symbole anbeten.

64 Vgl.: https://www.youtube.com/watch?v=F-nwCwTrM1M&app=desktop. Der Autor hat das Audio zuletzt am 4. 10. 2016 angeklickt.

65 Der Begriff Tauhīd bezeichnet den Glauben an die Einheit Gottes

Folge die Worte „Schwachkopf" und „Schwachköpfe" auf diejenigen abfeuert, die sich vom reinen Islam entfernt haben. Im Vergleich etwa zu Predigten Pierre Vogels und anderer Missionare des Neo-Salafismus und vor allem im Unterschied zu Reden des Sufitischen Sheikh Nazım Kıbrısi fehlt der Rede Ebu Tejmas jeglicher Humor.[66] Seine Botschaft ist denkbar einfach und doch todernst: Wenn die Sharia von Gott erschaffen ist, die Muslime sich aber nicht nach ihr, sondern nach menschengemachten, demokratischen Gesetzen richten, dann stellen sie die Einheit Gottes in Frage und seien *kuffār*, die man folglich der Apostasie bezichtigen bzw. gegenüber denen man *takfīr* anwenden müsse. Dass der Redner damit zur Tötung Andersgläubiger aufruft, ist wohl jedem der applaudierenden Zuhörer klar und findet entsprechend auch die Zustimmung der Chatgruppe:

Reaktion auf ein neo-salafistisches Propaganda-Audio aus dem Internet

Verschwörer A: „Fuer jeden gut, der nach wissen strebt. Schau das XXX. Dann Weisst du wieso takfir auf [demokratische] Herrscher gemacht wird. Ma shaa allah.

Verschwörer B: „Erdogan ist ein taghut [Götzendiener]. Angela eine kafira taghut. Obama ein taghut kafir armee von iblis [Satan]."

Betrachtet man den herausragenden Stellenwert, den das *takfīr*-Konzept im Chat der jugendlichen Verschwörer hat, so wird deutlich, dass der angestrebte neo-salafistisch-djihadistische Heilsweg weder durch das gemeinschaftliche Ausleben einer *adab*-Höflichkeit noch durch supererogative Frömmigkeit ersetzt werden könnte. Denn den Verschwörern geht es auch nicht primär um die Imprägnierung der eigenen Reinheit gegen den von Ungläubigen und Häretikern aufgeworfenen Schmutz und genauso wenig um die selbstquälerische Prüfung der eigenen Intentionen. Vielmehr ist die *takfīr*-Kommunikation selbst DIE zentrale, metaphysisch überhöhte und insofern spirituelle Praxis der Gruppe.

Selbstpurifikation im *takfīr*-Modus erfolgt demnach 1. über den Weg der symbolischen Auslöschung exogener, nichtislamischer Verschmutzungsquellen, also mittels *takfīr*-Kommunikation selbst und 2. durch das konsequente innerweltliche Ausagieren der Konsequenzen der *takfīr*-Kommunikation bzw. durch konkrete Vernichtungsakte gegen die vermeintlichen Apostaten. Die physische Vernichtung des anderen ist hier so betrachtet nur eine weitere zwingend erforderlich erscheinende

66 Zu Humor und Unterhaltungskompetenz sufitischer Schaykhs (vgl. Habibis 1992, Hüttermann 2002: 112, 150ff.).

Station der neo-salafistisch-djihadistischen Heilskarriere. Der Übergang von der symbolischen, zur faktischen Vernichtung ist nicht logisch, sondern soziologisch zu verstehen. Entscheidend ist, dass das neo-salafistisch-djihadistische Milieu kaum andere alternative Heilskarrieren anzubieten vermag. Betrachtet man etwa die biographischen Selbstzeugnisse neo-salafistischer Djihadisten, die den Ausstieg wagten, so wären sie wohl keiner für eine auf Wissensakkumulation und Redekunst aufgebaute Heilskarriere oder für den alternativen Pfad der Koran Heilung je empfänglich gewesen. Entscheidend ist aber vor allem, dass die Beteiligten die Steigerung und Beschleunigung der eigenen Heilskarriere in Form von Attentaten durch ihre Rezeption von Märtyrererzählungen und -videos längst emotional, moralisch und kognitiv verinnerlicht haben. Das Attentat ist angesichts des Voreingestimmtseins nicht mehr als das schon lange antizipierte, konsequente innerweltliche Fortsetzung der *takfīr*-Kommunikation mit anderen Mitteln.

Die Selbstpurifikation im Rahmen der *takfīr*-Kommunikation ist auf den ersten Blick ein ähnlich paradoxer Prozess wie die Selbstpurifizierung im Sufi-Milieu. Denn im Laufe des Engagements auf diesem Gebiet erhöht sich die Sensibilität für den vermeintlichen Schmutz bis zur Unerträglichkeit. Je radikaler und konsequenter der neo-salafistische Gläubige sich der *takfīr*-Praxis verschreibt, umso mehr Abtrünniger und Häretiker wird er gewahr. Je weiter er sich auf den vermeintlichen Ursprung des Islam zurückbeugt, desto mehr erscheint ihm der eigentliche, reine Islam als durch abirrende Neuerungen verstellt. Der fallgestützte Vergleich mit dem sufitischen Milieu lässt aber einen konstitutiven Unterschied hervortreten: Im neosalafistisch-djihadistischen Milieu geht es nicht darum, die unvermeidlichen lebensweltlichen Widersprüche einer Heilskarriere zu bewältigen, indem er ihre paradoxale Grundstruktur mit den Biographien der muslimischen Masse kompatibel macht. Das neo-salafistisch-djihadistische Milieu bietet keinen funktional äquivalenten Lebensentwurf, bei dem der Gläubige sich etwa in die Lebenszeit zehrende, entschleunigende Rolle eines Schülers fügte, indem er sich zudem einem Schaykh unterstellte, welcher die Ursprünglichkeit des reinen Islams verkörperte. Er bietet vielmehr an, ja er fordert dazu auf, die lebenszeitzehrende Umsetzung lebensweltlicher Paradoxen selbst radikal zu verwerfen. Er kann nicht dazu beitragen, die Paradoxie der Selbstpurifizierung oder die Paradoxie der Aneignung von Ursprünglichkeit zu bewältigen. Er kann sie bloß überwältigen. Durch die per se auf Steigerung angelegte und auf ein baldiges Ende bzw. einen reinigenden Gewaltakt ausgerichtete *takfīr*-Kommunikation werden die Widersprüche und Paradoxien des Milieus aufgelöst, indem sie entzeitlicht werden. Und dieser durch Märtyrerideologie metaphysisch aufgeladene Auslöschungsakt ist es, der die vermeintlichen „Löwen", als die sich die Beteiligten der Chatgruppe selbst betrachten (etwa: Helden des Islam) mit den vermeintlich reinen Ursprüngen des

Islams der frommen Kämpen verbinden.[67] Die Auslöschung von kulturell verfeinerten Entparadoxierungsprozessen, die biographische Lebenszeit und individuelle Mühen erfordern und für die im Übrigen auch das Sufitum steht, wird so zum Charakteristikum des neo-salafistischen Djihadismus.

Zusammenfassend formuliert: Die sich selbst beschleunigende und dabei auf vermeintlich reine islamische Ursprünge rekurrierende neo-salafistische Takfir-Kommunikation, um welche die Chatgruppe kreist, ist nicht mehr, aber auch nicht weniger als 1. die charakteristische, milieuspezifische Technik des Umgangs mit der zugrundeliegenden Paradoxie der Selbstpurifizierung und 2. Sie ist die eine milieuspezifische Form der Aneignung von Ursprünglichkeit. 3. Ihre soziologische Grundfunktion ist die Beschleunigung und letztlich die abschließende Exterminierung des paradoxalen Prozesses der Selbstpurifikation.

4.3 Die Aneignung des authentischen Muslims

4.3.1 Der authentische Muslim im Sufi-Milieu

Im Bereich des Sufitums gibt es zahlreiche Techniken mit dieser Verunsicherung umzugehen. Von der sufitischen Variante des *adab* war bereits die Rede. Hinzu kommen Gebetstechniken, kollektive Andachtszeremonien und nicht zuletzt die als persönlich und intim empfundene Beziehung zum Schaykh. Alle diese Techniken und Rituale dienen, unabhängig davon, was die Beteiligten mit ihnen bezwecken oder erwirken, immer eines: nämlich einen mehr oder weniger vorübergehend wirksamen Reflexionsstop durch Aneignung und gemeinschaftlich- spirituelle Verinnerlichung des vermeintlich Ursprünglichen.

Im Milieu der Sufi fungiert die soziale Figur des kulturkonservativen Muslims als ein solcher Reflexionsstop. Für die Interaktionsdynamik im Milieu ist bedeutsam, dass seine Mitbrüder und -schwestern ihn als *den* authentischen Muslim wahrnehmen. Die Bezugnahme auf ihn – zum Beispiel in Form der Suche nach Rat und Rechtleitung – verleiht Konvertiten und Revivalisten gewissermaßen Bodenständigkeit. Der im beobachteten Milieu der Derwische angetroffene Akteurstypus des kulturkonservativen Muslims stammt aus islamisch geprägten Ländern. Er ist nicht notwendig Adept eines Sufi-Ordens, war aber vor seiner Auswanderung immer schon mit der von der Mystik durchdrungenen islamischen Volksfrömmigkeit

67 Schon frühe, politisch-militärisch agierende Weggefährten und Nachfolger Mohammeds (z. B.: Hamza ibn Abd-al-Muttalib) wurden von Muslimen als Löwen bezeichnet.

verwachsen. Er gehörte dort der (meist ländlichen oder provinziellen) Unterschicht an. Sein Bezugsproblem ist, dass er sein gegebenes, von der islamischen Mystik geprägtes Herkunftsmilieu hier in der Fremde nicht problemlos weiterleben kann. In dieser Situation bieten ihm das Engagement in der Welt der Brüder und Schwestern und die regelmäßigen Zusammenkünfte die Gelegenheit, wieder an die gewohnte Lebensform anzuknüpfen und sie so weit wie möglich zu rekonstruieren. Daneben verfügt er auch über andere Ressourcen, beziehungsweise über soziales Kapital, das es ihm erlaubt, hier in der Fremde die Konservierung der Lebensform zu bewerkstelligen, in die er immer schon eingebettet war. Dazu gehören Beziehungen zu befreundeten Landsleuten oder die Berufstätigkeit in einem Wirtschaftssektor (z. B. im privaten Dienstleistungssektor), in dem Glaubensbrüder und Landsleute häufig anzutreffen sind. Er hat seinen Ort beziehungsweise seine Enklave in der ihm fremd bleibenden Gesellschaft gefunden und sich arrangiert. Hier kann er seinen „Islam aus dem Bauch“ (Schiffauer 2000: 314) und seine innere Remigration ausleben. Der kulturkonservative Muslim ist an milieuinternen Konflikten nicht unmittelbar beteiligt. Er schaltet sich allenfalls ein, um zu vermitteln. Überhaupt hält er sich zumeist im Hintergrund des Geschehens. Er beschränkt sich darauf, die ehrerbietende Anerkennung der Kulturkonvertiten passiv entgegenzunehmen und das Milieu der Derwische als Brückenkopf für das richtige Leben im falschen zu nutzen.

Die im zugewanderten kulturkonservativen Sufi verkörperte vermeintliche Ursprünglichkeit und Authentizität fungiert im Milieu der Derwische als Ressource, deren Aneignung, durch die reflexive Konversion respektive durch reflexiven Revivalismus, anderen Akteuren des Milieus Sicherheit und fraglose Geltung gewährleistet. Die bloße Anwesenheit und die Selbstverständlichkeit, mit welcher der kulturkonservative Sufi die Rituale der islamischen Mystik durchführt, und die Selbstverständlichkeit, mit der er von der Überlegenheit des Islam und des Sufitums ausgeht, erscheint aus der Perspektive der modernen Sucher, Konvertiten und Revivalisten als vermeintlich sicherer, traditioneller Boden für die ersehnte Identitätsaffirmation. Gerade vor dem Hintergrund dessen, dass reflexive Konversion zunächst auf nichts anderes baut als auf die unsichere kognitive Basis falsifizierbaren Wissens und die richtungslose Emotionalität von Erweckungserlebnissen, erscheint die Aneignung der vermeintlich ehernen und unverdorbenen Authentizität als eine sehr funktionale Technik der artifiziellen Selbstzentrierung.

Als reinste Verkörperung des kulturkonservativen Sufi gilt der Schaykh. Während sich einige spirituelle Praktiken direkt auf Gott beziehen, richten sich andere Praktiken auf den Meister selbst: Das *tawağğuh* ist die Konzentration der Aufmerksamkeit des Adepten auf den Schaykh und umgekehrt. Eng mit dem *tawağğuh* ist „die tiefstechende Beobachtung (*murāqaba*)“ (Meier 1995: 10) des Schaykh durch den Adepten verbunden. Die Sufis glauben – dies wurde auch dem Autor in Gesprächen mit den beobachteten Derwischen immer wieder versichert – dass in dieser wechselseitigen meditativen Besinnung des *tawağğuh* die magischen Kräfte des Meisters zum Tragen kommen und dessen Liebe auf den Kandidaten überströmt. Im Ergebnis erwächst eine intime geistige Bande, gewissermaßen eine Art spirituelle Nabelschnur, die räumliche und zeitliche Grenzen transzendiert. Die dritte, sich auf den Meister richtende Disziplin ist schließlich die Herzensbindung (*rābita*). Fritz Meier (1995: 11 ff.) weist darauf hin, dass die Herzensbindung insbesondere bei der Naqshbandiyya die Funktion hat, den sich auf der via purgativa bewegenden Derwisch auf eine Art Beschleunigungsspur zu bringen, so dass er schon frühzeitig „einen Lupf in den erstrebten ‚höheren Bezug' (*nisba*)" (Meier 1995: 15) erlebt. Zur *rābita* gehört die Übung, sich das Bild des Meisters einzuverleiben, um es sich dann jederzeit vergegenwärtigen zu können. Dies helfe dem Kandidaten, sich störender Gedanken beim *ḏikr* zu erwehren. Wenn die *rābita* auch zunächst auf den Schaykh selbst zielt, so wird dieser – zumindest der reinen Lehre nach – doch nur als Bindeglied zu Gott beziehungsweise der Schaykh als „die Maske, die sich Gott selbst vorgesetzt hat" (Meier 1995: 16) verstanden.

4.3.2 Der authentische Muslim in der Chatgruppe

Im neo-salafistischen Djihadismus der Chatgruppe fehlt die Anlehnung an einen signifikanten Anderen, der mit dem Schaykh der Sufi vergleichbar wäre. Gäbe es ihn, hätten die Beteiligten nicht über vier Monate hinweg intensiv miteinander chatten können, ohne diesem in irgendeiner Form die Ehre zu erweisen oder ihm liebevoll oder respektvoll zu huldigen.[68] Aber nicht nur das, es fehlt offenbar auch der Bezug zu Alltagsmuslimen, die einen unangestrengten, selbstverständlichen Umgang mit dem Salafismus pflegen, und so im Modus der alltäglich-beiläufiger Kontakte (unter real Anwesenden) die Sicherheit vermitteln könnten, auf dem richtigen Weg zu sein. Während Konvertiten und Revivalisten im Sufi-Milieu gerade die Moscheen des Gastarbeiter-Islam nutzen, um im Rahmen von Gebeten und

68 Das heißt allerdings nicht, dass die Gruppe nicht im Hintergrund durch eine ihnen übergeordnete Person oder Gruppe gesteuert worden ist. So ist wiederholt davon die Rede, dass missliebige Personen bzw. Verräter oder *kuffār* im Umfeld der Gruppe zu „melden" seien – an wen auch immer: „Habe ein Drecks nusra Boy gefunden. Diese drecks Hunde. Alle melden mehrmals egal". Oder: „Mit dem neuen Account dann die kuffar melden". Andererseits kann mit „melden" auch gemeint sein, dass man die inkriminierten Person in einem anderen webbasierten Forum outet.

der Teegeselligkeit dessen, ungebrochene traditionelle Selbstgewissheit gleichsam zu ‚atmen', bleibt dies den neo-salafistischen Djihadisten weitgehend verwehrt.

Dafür gibt es im Falle der Chatgruppe zwei Gründe: Zum einen ist selbst das muslimische Umfeld in den Augen der Chatter angesichts des offenbar fortgeschrittenen Stadiums der *takfīr*-Kommunikation selbst zu einem Quell der Verschmutzung stigmatisiert worden. Die Beteiligten sind hier Gefangene der weitgehend ausgelebten Paradoxie der Selbstreinigung durch symbolische Vernichtung der Außenwelt. So lehnen sie es ab, hinter Muslimen zu beten, die ihre neo-salafistischen Auffassungen nicht eins zu eins teilen

Verschwörer A.: „Ich habe in der Nähe keine Moschee."
Verschwörer B: „Ikhwan [=Brüder] [ihr dürft] nur da hingehen, wo muwhadun beten, nicht bei den ganzen murjia Tempeln. Weil hinter einem Kafir mushrik zu beten, bringt gar nix. Das Gebet ist ungültig."

Für die Mitglieder der Chatgruppe ist es nicht einmal ohne weiteres möglich, außerhalb der üblichen Gebetszeiten, den Gebetsraum einer arabischen Moschee zu nutzen, um dort unter sich zu sein. So berichtet beispielsweise der Vorbeter einer arabischen Moschee dem Autor dieser Zeilen, dass er einer jugendlichen salafistischen Clique, die nicht bereit war, sich hinter den anderen Moscheegängern ins Gebet einzureihen und darüber hinaus verlangte, allein unter Gleichgesinnten zeitversetzt beten zu dürfen, bitten musste, dies zu unterlassen. Er begründete dies dem Autor dieser Zeilen folgendermaßen: Durch ihre Abspaltung von der Gemeinschaft der Betenden würden die Salafisten Zwietracht in den Bund der Gläubigen (*fitna*) sähen – für Muslime ein schweres Vergehen. Da die betreffende arabische Moschee in der Nähe einer Schule liegt, die mehrere Mitglieder der Chat-Gruppe unmittelbar vor der Durchführung ihres Anschlags besucht hatten, ist anzunehmen, dass die zurückgewiesene salafistische Clique sich zumindest teilweise aus Mitgliedern der Chatgruppe zusammengesetzt hat. Die folgende Sequenz des Protokolls bezieht sich mit großer Wahrscheinlichkeit auf genau jenen Vorfall, den der arabische Imam geschildert hat:

Fitna [Zwietracht]

Verschörer A: „Ein Mushrik [Polytheist] aus Dinslaken hat mal ein Bruder angebettelt, dass er hinter ihm beten soll. Ya bruder bitte bete hinter mir, mach kein fitna. Der Bruder hat sich geweigert, weil er [der vermeintliche Mushrik] ein taghut [Götzenanbeter] ist."

Auch ein anderer Versuch, Zugang zu einer arabischen Moschee zu bekommen, scheitert schließlich:

Rausschmiss

Verschwörer A: „Bruder sei froh, dass du nicht da warst. Ich weiss, was fuer ne power du hast, XXX. Der hätte dich acht kantig rausgeworfen. Der Grund wieso er uns hasst: ‚Im Quran steht nirgendswo Aqida'.

Verschwörer B: „Jaaa. Richtiger Hund."

Verschwörer C: „Er sagt zu mir: ‚Du kannst nicht mal arabisch. Du bist noch so jung. Du weisst nichts. Ihr habt eine einseitige Sicht. Ich soll die Juden und Christen lieben.' Blablabla. Als A ihn bezüglich demoraktische Wahlen angesprochen hatte, wechselt er das Thema. Er hat so mit lauter Stimme geredet. A sagte, er soll sie reduzieren, weil andere am beten sind. Er macht weiter sub han allah belästigt andere und die haben uns dann alle schief angeguckt. Amin."

Verschwörer A: „Drecks kafir. Möge Allah sie vernichten."

Verschwörer B: „'Sunniten Moschee', wie er sagte hahaha."

Verschwörer A: „Der will Polizei auf uns hetzten, wenn wir wieder kommen und bei Allah ich habe dem diesbezüglich gesagt was Ahmad ibn Hanbal sagt, und deswegen sind wir Extremisten."

An den Konflikten mit anderen Muslimen wird nicht nur das Scheitern der beabsichtigten symbolischen Aneignung arabisch sprechender Muslime sondern die zum Dilemma fortgeschrittene Paradoxie deutlich, in die sich die radikalisierten Neo-Salafisten hineinmanövriert haben. Die Erfordernisse der Konspiration und das von ihrem Avantgarde-Streben getragene Distinktionsbedürfnis sind selbst jenem bloß oberflächlichen Schulterschluss mit vermeintlich authentischen, weil arabisch sprechenden Muslimen abträglich; symbolische Aneignung von Ursprünglichkeit und die räumlich-physische Distinktion gegenüber denjenigen, die diese

Ursprünglichkeit noch am ehesten verkörpern, gehen in der Praxis nicht zusammen. In dem Moment, als den Gruppenmitgliedern bewusst wird, dass die Paradoxie für sie nicht zu bewältigen ist, reagieren sie spontan im *takfīr*-Modus. D. h. angesichts ihrer schwachen Position sind sie geneigt, sich zunächst einmal selbst auf Abstand zu bringen und sich zukünftig von den vermeintlich wenig vertrauenswürdigen Glaubensbrüdern fern zu halten. Zugleich äußern sie Verwünschungen: „Drecks kafir. Möge Allah sie vernichten."

Der folgende Auszug aus dem Chatprotokoll lässt nun noch eine andere, eher konstruktive Form des Umgangs mit der Paradoxie aufscheinen:

Moschee in der Garage

Verschwörer B: „Man kann keine Moschee hier trauen …

Verschwörer D: „Man muss eigene gründen."

Verschwörer B: „Lass mal eigene Moschee eröffnen. Z. B. eine Garage. Die Moscheen sind nicht sicher."

Verschwörer E: „Ikhwan, wir müssen uns dann [in diesem Fall] mehr Wissen anreichern"

Verschwörer B:„Wieso, Moschee braucht doch kein Wissen. [Ist doch] nur für uns gedacht."

Verschwörer E:„Akhi natürlich, wie soll einer von uns Khutba machen ohne Wissen? Und eine masjid muss für jeden offen sein. Deswegen erst mal mehr wissen Akhi Karim."

Verschwörer E: „Heute war gut ja, [ich hab] Bucher genommen [und] bisschen gelesen. Wenn wir das öfter machen, lernen wir mehr."

Verschwörer D: „Ich kann Khutba machen. Ich bin Imam."

Verschwörer E: „Ach so, das meinst du, ok in sha'a Allah Akhi. Und XXX halt die Pferde im Stall Akhi."

In dieser Sequenz sucht ein Teil der Gruppe das Problem zu bewältigen, indem er das Dilemma als Wissensdefizit betrachtet. Um die der moralischen Erbauung gewidmeten Freitagspredigt durchführen zu können, die nach traditional-ursprünglicher Rechtsauffassung aller islamischen Rechtsschulen zu einer funktionierender Moschee dazugehört, fehlt es demnach bloß an ausreichender Lektüreerfahrung bzw. an einem darauf bezogenen Grundwissen über die heiligen Textquellen (insbesondere den Koran und die Hadithe betreffend) und ihre Auslegung. Damit wird der Weg der Aneignung von Ursprünglichkeit qua Textstudium aufgezeigt. Doch bezeichnenderweise wischt der so genannte und von allen anderen Mitgliedern auch anerkannte Emir der Gruppe diese Option mit einer ironischen Bemerkung vom Tisch: „Ach so, das meinst du, ok in sha'a Allah Akhi. Und Muhammed halt die Pferde im Stall Akhi."

Im weiteren Verlauf des Chats spielt die Option des Textstudiums keine Rolle mehr. Angesichts des bevorstehenden Attentats und angesichts der Dominanz der Takfīr-Kommunikation macht eine solcherart zeitfressende, bildungsorientierte Strategie der Selbstpurifizierung (bzw. Entparadoxierung) offenbar keinen Sinn mehr.

Ungeachtet des bislang Gesagten, könnte es auch für die Chatgruppe einen oder mehrere kulturkonservative Muslime gegeben haben, der/die quasi als Spiritus Rektor fungierten. Aber mangels Masse an Gleichgesinnten, die den „Aqida-Test" hätten bestehen können, und mangels Mobilität – die meisten Mitglieder haben schon aufgrund ihres Alters weder Führerschein noch Auto – gibt es keine einfache Möglichkeit, für die z. T. weit verstreut lebenden Mitglieder, so etwas wie Gemeinschaft mit authentischen, kulturkonservativen salafistischen Muslimen zu leben. Als letzte Option bleibt da der Besuch von muslimischen Begräbnisfeiern, die offenbar im Umfeld des Bonner Salafisten-Milieus stattfinden:

Die Ursprünglichkeit des Begräbnisses

Verschwörer B: „As selamu alaikum. Morgen am Montag den 11. 01. 16 ist eine janazah um 11 Uhr im Nordfriedhof in Bonn"

XXX-Str.. 472, 53XXX Bonn.

Zu vermuten ist, dass die Gruppenmitglieder allenfalls dort – auf dem Friedhof und im Rahmen eines muslimischen Begräbnisses – das Gefühl entwickeln können, Teil einer großen und zugleich althergebrachten ursprungsgetreuen Massenbewegung zu sein. Ob sie die dort Anwesenden bloß als Staffage für eine möglichst lebensechte Projektion ihrer Ursprungsvisionen erleben oder ob sie dort tatsächlich Beziehungen zu kulturkonservativen Glaubensbrüdern aufbauen können, ist eine der vielen Fragen, die nach Datenlage offen sind.

4.4 Aneignung von Ursprünglichkeit im Fremdsprachgebrauch

4.4.1 Der Gebrauch des Arabischen im Milieu der Derwische

Im Milieu der Derwische vollzieht sich die brüderlich-egalitäre Distribution der Ehre im Rahmen mehr oder weniger feierlicher Höflichkeitszeremonien. Die entsprechenden Interaktionen sind von Transzendenz durchwirkt. Denn dem offiziellen Drehbuch des Milieus gemäß ist das Entwerden der Brüder und Schwestern untereinander die Vorbedingung für das Entwerden im Shaykh, im Propheten und schließlich in Allah. Das „Entwerden", von dem hier die Rede ist noch nicht mit *fanā* gleichzusetzen, den höchsten Erleuchtungszustand, den die spirituelle Heilskarriere eröffnen soll. Entwerden verweist vielmehr auf alltägliche Praktiken in der Gemeinschaft. Die das Entwerden motivierende und zugleich transportierende Vergegenwärtigung des Transzendenten im brüderlichen Umgang wird nicht zuletzt dadurch erzielt, dass die Akteure ihren Diskurs gleichsam mit einem Teppich von Aussprüchen unterlegen, der aus kurzen Zitaten einzelner Suren und im Ausrufen einzelner arabischer Worte und Namen besteht, die einem engeren rituellen Kontext entstammen. So nehmen die Brüder das Wort Mohammed nicht in den Mund, ohne sogleich „sallallahu aleyhi wassallam" (Gott sei ihm gnädig!) hinzuzufügen. Freut man sich über ein Ereignis, dann wird dies mit dem Ausspruch „allhamdülillah" (Gott sei Dank!) unterstrichen. Und Termine werden nicht ohne den Hinweis: „inshallah" (so Gott will) vereinbart. Dieser Ausspruch hält dem *murīd* (d. i. Adept des Shaykhs) vor Augen, dass alle seine irdischen Relevanzen jederzeit durch einen Beschluss höherer Ordnung aufgehoben werden können. Freut sich ein Sufi beispielsweise über die neuesten Anschaffungen oder Errungenschaften seines Bruders – beispielsweise ein Poster, das die Kaaba zeigt, oder eine kunstvolle arabische Kalligrafie, die eine Sure des Koran enthält – dann fällt meist auch der anerkennende Ausspruch „mashallah" (etwa: Das hat Gott gemacht!). Dieser Ausdruck ist gleichsam ein Fingerzeig darauf, dass alle Freude von Allah kommt. Wenn ein Bruder dem anderen ein Kompliment macht oder ihm schmeichelt, dann erwidert dieser in der Regel mit „astahfirulah" (Gott möge verzeihen!). Dies soll signalisieren, dass der mit dem Kompliment Bedachte Allah um Verzeihung dafür bittet, dass er eventuell für einen Augenblick der Versuchung erlegen sein mochte, Stolz auf die eigene Person empfunden zu haben. Oder aber er will seine (tatsächlichen oder fiktiven) Beschämung darüber Ausdruck verleihen, dass er beim Bruder den – die eigene Ego-Sucht offenbarenden – Eindruck erweckt haben mag, dass er sich selbst als eines Kompliments würdig erachtet hätte. Das Repertoire entsprechender Ausdrücke ist mit diesem Überblick nicht erschöpft.

Dass die mit arabischen Termini durchsetzte Kommunikation und der Dienst am Bruder, dem Propheten und an Gott im weitesten Sinne dieses Wortes, nahtlos ineinander übergehen, bekundet sich insbesondere in den Begrüßungsritualen der Männer. Begrüßungsrituale werden anlässlich von Festen, Treffs oder im Umfeld des gemeinschaftlichen *ḏikr* gepflegt. Man küsst einander andeutungsweise die Wangen – zweimal rechts und einmal links – umarmt sich und klopft sich gegenseitig auf die Schulter. Wenn die Brüder, wie fast immer, erst nach und nach eintreffen, setzt ein mit zunehmender Zahl länger anhaltendes wechselseitiges Umarmen, Bruderküssen und der fest im Drehbuch des Milieus verankerte, um das gesundheitliche und sonstige Wohlbefinden, die Arbeit, die Frau und die Kinder kreisende ‚Sunna-Smalltalk' ein. Die Brüder bemühen sich in diesen und anderen Gesprächssituationen um eine gemäßigte, jegliche Großsprecherei vermeidende Redeweise. Die sanfte Stimmlage, der Rekurs auf arabische Ausdrücke und Namen und die Ausstrahlung von Gelassenheit sind fester Bestandteil des Habitus eines gottdurchwirkten Derwisches. Wie das nachstehende Interviewzitat deutlich macht, sind sich die Brüder der Effekte durchaus bewusst. Dass sie dieses Bewusstsein in einer spirituell aufgeladenen Sprache zum Ausdruck bringen, steht diesem Befund in keiner Weise entgegen:

Sakralisierung des Habitus (Interviewauszug)

„Die Leute sagen mir, äußerlich: „Mensch, du hast dich verändert." Ja, ich merke auch, wie ich mich innerlich in bestimmten Punkten verändert habe. Aber, oft ist das ja so, dass die Leute, die außen sind, also wesentlich schneller mitkriegen, dass man sich irgendwie verändert, als man selbst. Und das interessiert die. Also Veränderungen interessiert die. Wenn du jemanden siehst, der in sich ruht oder wenn du irgendwie, ich kann mich erinnern, in Indien, als ich da war, vor dem Hauptbahnhof von Delhi, da war irgendwie auch, ich nehme an, das war ein Heiliger. Der hat seine Kleider gewaschen. Also, mit so einer Ruhe und Ausgeglichenheit, dass ich wirklich sehr davon berührt war. So eine, wenn du so eine spirituelle Qualität hast, und ich denke, jeder von uns Brüdern bekommt die teilweise durch den Shaykh, das ist nicht unser Verdienst, sondern das ist irgendwie das Verdienst des Shaykh, meine ich mal. Das ist irgendwie, strahlt irgendwie eine Attraktion aus. Weil das eigentlich auch das ist, wonach die Leute durstig sind. Nach dieser Innerlichkeit, nach diesem, ja nach, es hat was mit Leuchten irgendwie zu tun. Es leuchtet irgendwas. Verstehst du das? Das ist so ein, so ein bestimmtes Licht, so eine bestimmte Ausstrahlung."

4.4.2 Der Gebrauch des Arabischen in der Chatgruppe

Darüber, wie die Sakralisierung des Habitus im Falle der jungen Verschwörer aussieht, gibt der WhatsApp-Chat nur spärlich Auskunft. Immerhin finden sich Anhaltspunkte dafür, dass auch in der Chatgruppe eine solche Sakralisierung erfolgt. So ist die Verwendung arabischer Begriffe für die Verschränkung des „Alltags" der Chatgruppenmitglieder mit dem Transzendenten hier wie dort von herausragender Bedeutung. Ähnlich wie bei den sufitischen Konvertiten geht es dabei darum, Koransuren rezitieren zu können. Dies ist für das alltägliche Pflichtgebet von Bedeutung. Und ähnlich wie bei den Sufikonvertiten, verfolgen die Akteure das Ziel, den eigenen Aussagen Gewicht zu verleihen, indem sie diese mit dem Heiligen verschränken und metaphysisch aufladen. Dass das Erlernen eines vom Arabischen durchwirkten Jargons auch ein gewisses Charisma bzw. einen Distinktionsgewinn verspricht, ist schließlich ein nützlicher Nebeneffekt, dessen Genuss die djihadistische Chatgruppe offenbar genauso anstrebt, wie die sufitische Vergleichsgruppe.

Anders aber als im Falle der oben vorgestellten Sufikonvertiten mag das Erlernen des Arabischen durch die Djihadisten zunächst durch das pragmatische Ziel motiviert sein, die deutsch- und englischsprachige internetbasierte Propaganda des IS und seiner Ableger besser verstehen zu können. Denn diese Propaganda rekurriert häufig auf arabische Begriffe und Redewendungen, die sich mit den entsprechenden Sprachkenntnissen einfacher lesen lassen. Die relativ schnellen Lernerfolge, die sich in den ersten Phasen des Spracherwerbs üblicherweise einstellen, mögen diese Motivation dann zusätzlich verstärken. Zudem verfolgen zumindest einige der Chatgroup-Mitglieder das Ziel, sich die arabische Sprache so anzueignen, dass sie sich unter arabisch sprechenden Muslimen und in arabischen Ländern bewegen können.

Für die deutschstämmigen Sufikonvertiten ist indes das Erlernen des Türkischen von mindestens gleich großer Bedeutung wie das Erlernen des Arabischen; denn schließlich ist das Türkische die Sprache des verehrten Ordensführers Sheikh Nazım Kıbrısi, dessen segensreiche Nähe und Zuwendung die Sufibrüder und -schwestern zu erhaschen suchen. Schließlich spiegelt diese Zuwendung nicht nur den Stand der eigenen Heilskarriere wider, sondern lädt gewissermaßen das persönliche Charisma auf. Kenntnisse der türkischen Sprache sind in diesem Zusammenhang hilfreich. Und was die Türkeistämmigen Sufi betrifft, so sind diese – mehr noch als ihre deutschstämmigen Brüder und Schwestern – von der Vision einer Wiederbelebung des Osmanischen Reiches erfüllt. Diese Vision geht mit einer gewissen konstitutiven Geringschätzung des vermeintlich arabisch dominierten „Wüsten-Islam" einher, dem nach Einschätzung von Ordensmitgliedern gerade jene Verfeinerung abgeht, die die türkisch-osmanische Kultur dem Islam gebracht habe.

Die neo-salafistisch orientierten Djihadisten der Chatgruppe betrachten dagegen den türkisch-osmanisch geprägten Islam als Abkehr vom reinen, ursprünglichen Islam. Dem puren Islam könne man sich nur mittels einer von der türkischsprachigen Rezeption gereinigten arabischen Sprache adäquat zuwenden. „Ich rate dir von türkischen Tajwid Büchern[69] ab. (…) Bruder, ich lerne davon nix." Dass die jugendlichen Djihadisten dennoch im Vorfeld ihres Attentats Sprachunterricht bei einem Türkeistämmigen Duisburger Reisebüroinhaber und selbsterklärten Iman genommen haben, ist vielleicht auf den Mangel an alternativen Optionen zurückzuführen.[70]

Ob sie der Aneignung der Sprache Gottes tatsächlich eine größere Bedeutung zumessen, als es die sufitische Vergleichsgruppe tut, darf angesichts der oben von Dziri und Kiefer dargelegten islamwissenschaftlichen Analyse sprachlicher und theologischer Inkonsistenzen bzw. Beliebigkeiten bezweifelt werden. Ihr Fremdsprachenerwerb scheint sich vielmehr anderen Prinzipien unterzuordnen: Zum einen dem Prinzip des Djihadismus, der die Grenzen zwischen religiöser und politischer Aneignung von Ursprünglichkeit zur Gänze aufhebt und beide Bereiche so ineinander überführt, dass sie nicht mehr unterscheidbar sind (a). Zum anderen dem Prinzip des Ressentiments der Laien gegen die Definitionsmacht etablierter Experten-Kulturen (b) sowie schließlich einem mit der Jugend der Verschwörer verbundenen patrozidischen Grundstimmung (c).

a) Im Djihadismus gerät das Religiöse zu einer Theologie der Tat. Und die politische Tat bzw. der Terrorakt wird zu einem Glaubenssatz. Sofern und soweit sie auf den Maximen des so genannten Islamischen Staates bzw. dessen *takfīr*-Konzept beruhen fügen sich dieser und viele andere homologe Glaubenssätze bzw. Terrorakte in der Wahrnehmung der Djihadisten zu einem konsistenten theologischen Ganzen zusammen. Das, was das Attentat aussagt, ist so betrachtet keinesfalls bloß ein politisches Statement, es ist vielmehr immer auch ein theologisches Argument. Der Tat ordnet sich alles Vorausgegangene und alles Weitere unter. So bringt erst der große „erfolgreiche" Terrorakt, die vor- und nachbereitenden Aussagen und Aktivitäten der Djihadisten in eine konsistente Form. Seine Überzeugungskraft

69 Tajwid ist die Kunst der Koran-Rezitation.

70 Letzterer wurde am 8. November 2016 verhaftet, nachdem Sicherheitsbehörden zu der Erkenntnis gelangt waren, dass er Mitglied des Radikalisierungs- und Anwerbungsnetzwerkes um den irakischen Prediger Abu Walaa war (vgl. Frankfurter Allgemeine vom 7. Dezember. 2016, WDR-WESTPOL, 1. Mai.2016).

bemisst sich nicht in der Anschlussfähigkeit an bewährte theologische oder politische Errungenschaften, sondern an der Zahl der toten und verletzten Ungläubigen, sowie an der Verunsicherung der Feinde des Kalifats.

Als theologische Aussage basiert der Terrorakt damit nicht nur auf eine wie immer verzerrte Aneignung des Ursprünglichen, sondern auch auf der Aneignung der Zukunft – es gründet mithin in der Antizipation des dereinstigen Sieges einer gottgefälligen salafistischen Weltordnung. Analog zum orthodoxen dialektischen Materialismus, demzufolge selbst noch eine Lüge zur Wahrheit wird, wenn sie schlussendlich der historischen Wahrheit (des Kommunismus) zum Sieg verhilft, werden auch die sprachlichen und theologischen Inkonsistenzen der Gruppenmitglieder durch die erfolgreiche Attentatsverübung stimmig. In diese, die Grenzen zwischen religiöser und politischer Aneignung des Ursprünglichen aufhebenden Grundstruktur des neo-salafistischen Djihadismus (und anderer extremistischer Geschichtsphilosophien und Eschatologien) ist die Trennung von Signifikant und Signifikat, von Begriffen und Bedeutung wesentlich angelegt. Die willkürlichen, mit allen theologischen Traditionen brechenden Neuverknüpfungen von Zeichen und Bezeichnetem von koranischen Begriffen und neuen Sinngehalten, die Dziri und Kiefer oben, anhand des Chatprotokolls, nachgezeichnet haben, hat diese Grundstruktur zu ihrer funktionalen Voraussetzung.

(b) Zum anderen ordnet sich die Sprachaneignung in der hier analysierten djihadistischen Chatgruppe dem propagierten Grundsatz unter, dass der vermeintlich wahre ursprüngliche Islam, sich nur gegen etablierte Mainstream-Experten artikulieren kann. In der Selbstanmaßung theologischer Kompetenz erschaffen sich die kontrakulturellen Laien erst jenen Raum, in welchem sie mehr oder weniger beliebig bzw. willkürlich mit dem Arabischen und dem vermeintlichen authentisch-ursprünglichen Islam umgehen. Und diese Beliebigkeit ist zugleich die funktionale Voraussetzung dafür, dass die Laien ihren vermeintlich heiligen und heiligenden Zorn einzubringen vermögen. Gerade das, was dem Islamexperten als selbstwidersprüchlicher und inkonsistenter Umgang mit kognitiv unverdauten arabischen Ausdrücken und theologischen Konzepten anmutet, ist für die jugendlichen Verschwörer offenbar ein wesentliches Attraktivitätsmoment.

c) Und noch ein Weiteres: In manchen Formulierungen des Chats wird eine gewisse Koketterie der jugendlichen Verschwörer mit der Entweihung jener Schonwelt greifbar, in die moderne fürsorgliche Eltern ihre Kleinkinder gewissermaßen hineinsozialisieren. So etwa dort, wo ein Chatgruppenmitglied seine Mitverschwörer auffordert, in den Islamischen Staat auszuwandern, und dabei nicht zufällig an jene Sprache anknüpft, in der sich wohlmeinende Eltern liebevoll an ihre Kleinkinder wenden: „Ya ikhwan, hoppelt ins Hasental, um dort am frischen Gras zu nagen und in Ruhe zu leben." In diesem Aufruf, der einmal mehr nicht ohne arabische Ausdrücke auskommt, bringt der jugendliche Verschwörer so etwas wie eine für jugendliche Protestkulturen typische *Sympathy for the Devil* bzw. eine gewisse Profanierungslust zum Ausdruck. In der durch die zitierten Worte evozierten Vorstellung entpuppt sich der für Unschuld, Schutzbedürftigkeit und Unbeholfenheit stehende Hase, mit dem man umgangssprachlich das Hauskaninchen verbindet, als kämpferischer Löwe. Und, so viel ist sicher, dieser Löwe wird das durch Eltern erschaffene Hasental-Idyll zerstören. Schon die Metamorphose des Hasen selbst ist, so betrachtet, ein Anschlag auf das durch die Elterngeneration erschaffene Kindheitsidyll (zu den jugendspezifischen Aspekten des Chats, vgl. Srowig/Roth im vorherigen Kapitel).[71]

4.5 Entparadoxierung im Hochgeschwindigkeitsmodus

Vergleicht man Sufitum und neo-salafistischen Djihadismus unter Rekurs auf Max Webers Unterscheidung von innerweltlicher und außerweltlicher Orientierung, folgt man also in dieser Hinsicht dem Mainstream der Religionssoziologie, so wird man der Mystik eine außerweltliche und dem neo-salafistischen Djihadismus eine innerweltliche Orientierung zuschreiben. Die einen wollen die Einheit mit Gott auf einem Weg erreichen, der sie aus der Welt herausführt. Die anderen wollen die Welt heiligen, indem sie ihn zu einem gottgefälligen Ort machen.

Schaut man aber auf Sufitum und Neo-Salafismus durch die analytische Optik des Paradoxieproblems und seiner Bewältigung, dann scheint die herkömmliche Unterscheidung von innerweltlicher und außerweltlicher Orientierung nicht haltbar. So zeigt der Blick auf die mystische Strategie der Entparadoxierung, dass diese auf Zeit spielt – genauer gesagt auf Lebenszeit, sie zielt auf Dauer und Institutionalisierung. Die Paradoxie der Gründung im Grundlosen wird hier verzeitlicht bzw. in eine biographisch lebbare in den Alltag integrierbare Entwicklungslogik überführt. Deren Kern ist eine ausgedehnte, wenn nicht unendliche Heilskarriere, auf deren Weg sich die Derwische mehr oder weniger subtiler Techniken der Aneignung von Ursprünglichkeit bedienen (Rituale, Zeremonien, Raffinement des Habitus, *ḏikr*

71 Inwiefern sich die hier erörterte Chatgruppe in der zuletzt genannten Hinsicht, einer gewissen Profanierungslust, von anderen jugendkulturellen Protestbewegungen oder auch von revolutionären Bewegungen unterscheidet, die u.a. stets das zu entweihen trachten, was dem Establishment der Elterngeneration heilig ist, ist eine Frage, die mit Blick auf weitere Vergleichsstudien zu beantworten wäre.

etc.). So gesehen handelt es sich beim oben vorgestellten Naqshbandiyya-Sufitum also um eine relativ stabile, diesseitige und innerweltliche Form der modernen Religionsausübung.

Dies wird vor allem im Vergleich mit dem neo-salafistischen Djihadismus deutlich. Letzterer lehnt alle lebenszeitzehrenden Formen der Entparadoxierung im *dār al-ḥarb* als Formen der Häresie ab. Was ihm bleibt, ist eine Form der Entparadoxierung, die sich gegen die Zeit selbst richtet, indem sie Endzeiterwartung, Martyrium und Extermination zusammendenkt. In diesem Sinne ist der Djihadismus der Chatgruppe außerweltlich.

Der Vorzug, den dieses Verfahren bietet, ist der eines außerordentlich hohen Tempos und schnellen biographischen Erreichbarkeit. Das Heil ist im Vergleich zum Sufitum biographisch gesehen zum Greifen nah; aber als Gegenwelt ist dieses Heil zugleich außerhalb der Welt und zudem nur als ihre Vernichtung realisierbar. Die ultimative Praxis der neo-salafistisch-djihadistischen Auflösung der modernen Paradoxie ist die heilige Gewalt. Sie ist das Scharnier, das das Archaische, das Ursprüngliche, das Ganz-Andere mit dem Gegenwärtigen verbindet.

Zwar gibt es auch mit Blick auf die heilige Gewalt rudimentäre Formen des Raffinements, so etwa wenn es den Chatgruppenmitgliedern darum geht, die konspirativen Qualifikationen der Beteiligten zu verfeinern oder etwa wenn es darum geht, sexuelle Bedürfnisse zu sublimieren (wie es bei der hier betrachteten Verschwörergruppe ganz offensichtlich der Fall ist). Auch die Pflege eines gewissen Märtyrerethos, welche der Antizipation und metaphysischen Überhöhung des eigenen Todes dient, kann beobachtet werden. Und mit Blick auf neo-salafistische Propagandavideos, wie sie in der Verschwörergruppe kursierten, ist auch eine gewisse Ästhetisierung von Gewalt anzuführen. Aber all diese Formen der „Verfeinerung" können ihren sehr einfachen Zweck nicht verhehlen, nämlich den der Beschleunigung und letztlich die sofortigen Auflösung der unerträglichen Grundparadoxie. Indem, sie die schnelle heilige Extermination proklamieren, spielen sie gegenüber mystischen Heilskarrieren einen Tempovorteil aus, der offenbar gerade junge ungeduldige Menschen anspricht.

Betrachtet man die Verschwörergruppe, so ist zu vermuten, dass die durch Todes- bzw. Märtyrerkult zur baldigem Ende geführte Entparadoxierung nicht notwendigerweise schon am Anfang der Konversion oder des Revivalismus auf der Tagesordnung steht. Wahrscheinlicher ist eine konsekutive, (mindestens) zweistufige Soziologik. In Stufe eins geht es um die Gruppenkonstitution und Gruppenintegration. Sie erfolgt durch die symbolische Ausgrenzung und Entmenschlichung von Ungläubigen – einschließlich solcher, die sich selbst als Muslime betrachten. Die zentrale Praxis der Entparadoxierung ist hier das „*takfīr*-machen". Doch weil, die charismatischen, über das Internet rezipierten Vorbilder und vermeintlichen theologischen Autoritäten, die darüber urteilen, wer zur Zielscheibe des *takfīr* werden soll, zumeist selbst eine zweite radikalere und beschleunigte Variante der Entparadoxierung gelebt haben, nämlich die vermeintlich heilsbringende reinigende Gewalt, ist in der erstgenannten Stufe schon die zweite Stufe enthalten. Die (selbst)heiligende Gewalt wird von den Beteiligten darum als eine Art „Theologie-der-Tat" erlebt. Nachdem die selbstwertsteigernde Wirkung der symbolischen Exkommunikationen bzw. Vernichtung durch das *takfīr* abgestumpft ist, geht es jetzt um Exkommunikation in Form physischer Extermination – damit kehrt der Thrill zurück. Diesseits des Drogenmissbrauchs ist eine noch temporeichere Form der Entparadoxierung kaum vorstellbar.

Zum Abschluss und mit Ausblick auf noch ausstehende Untersuchungen noch eine letzte Bemerkung: Eine umfassende Analyse zur Soziologik der Chatgruppe hätte auch zur Beantwortung der Frage beizutragen, inwiefern Radikalisierung und Entparadoxierung der djihadistischen Chatgruppe in eine gesamtgesellschaftliche Etablierten/Außenseiter-Logik eingebunden sind, die das Verhältnis von Muslimen und Nichtmuslimen in der deutschen Einwanderungsgesellschaft aktuell zu bestimmen scheint (vgl. Hüttermann 2011, 2015). Aber zur Beantwortung dieser Frage fehlen einstweilen Daten, die über das Chatprotokoll hinausgehen. Sie müssten idealer Weise durch Interviews mit Chatgruppenmitgliedern, ihren Angehörigen, (ehemaligen) Freunden und Klassenkameraden generiert werden.

Fazit 5

Forschungsnetzwerk Radikalisierung und Prävention

5.1 Der wissenschaftliche Ertrag

In den vorausgegangenen Kapiteln haben die Autor*innen das WhatsApp-Dokument genutzt, um gewissermaßen wie durch einen Spalt auf das Innenleben einer Gruppe zu schauen, die sich zum Zwecke einer Attentatsvorbereitung gebildet hat. Unter Rekurs auf die zahlreichen im Dokument enthaltenen Postings wurde die Binnenperspektive der Chatgruppenmitglieder rekonstruiert. Die Autor*innen verwendeten in diesem Zusammenhang unterschiedliche Zugänge, die in mindestens drei Analysedimensionen miteinander konvergieren. Da ist zum einen die Dimension der Jugend, zweitens die Dimension des Kontextuellen und drittens die Dimension des Instrumentellen und Artefaktischen.

Das Einleitungskapitel ordnete die hier in Frage stehende Gruppe dem Kontext einer neofundamentalistischen Jugendbewegung zu. Das islamwissenschaftlich ansetzende Folgekapitel kreist sodann um den Begriff des „Lego-Islam", – ein Begriff, der Assoziationen weckt, die auf ein aus farbigen Kunststoff-Teilchen bestehendes Baukastensystem verweisen, mit dessen Hilfe Kinder ihre Fantasien Wirklichkeit werden lassen. Der Autoren legten ihren Akzent bewusst auf jene eigentümliche Mischung aus Unwissen, Willkür und Kreativität, die man in modernen Gesellschaften vor allem Kindern, Jugendlichen und Kreativen zuschreibt. Dies geschah allerdings nicht, um den Gegenstand zu veralbern und abzuwerten – das verbietet schon die beinahe tödliche Konsequenz, mit der die Beteiligten das Attentat vorbereiteten –, sondern um ihn im soziologischen Sinne zu verstehen. Das darauf folgende dritte Kapitel nahm den Stab auf und zeigte, dass die Gruppenmitglieder den Islam insofern instrumentalisieren, als sie auf seiner vermeintlichen Grundlage ihren Übergang zum Erwachsenen- bzw. Kriegerstatus bewerkstelligen wollen. Das letzte Analysekapitel arbeitete schließlich heraus, dass, warum und wie die jugendlichen Djihadisten ihre selektive neo-salafistische Auslegung des Islam dazu benutzen, ihren vermeintlichen Reifeprozess als einen beschleunigten Heilsprozess bzw. als eine im Hochgeschwindigkeitsmodus verlaufende Heilskarriere verstehen zu dürfen. Der letzte, alle Mittel heiligende Zweck ist es, auf diesem Wege alles und jeden zu überbieten – nicht zuletzt die Elterngeneration.

Ist damit schon alles gesagt? Es wäre viel zu einfach, das gesamte Phänomen einer neo-salafistisch-djihadistischen Gruppe, die in Deutschland ein Attentat vorbereitet, auf nur den einen, wenn auch komplexen Begriff wie den der Jugendlichkeit reduzieren zu wollen. So ist auch der soziale Kontext eine eigenständige Analysedimension. Der Kontext sollte nicht zum Appendix eines vermeintlich Erstrangigen (etwa der Jugendlichkeit) herabgestuft werden. Dies machte zunächst Ceylan deutlich, indem er bei den historischen, ideengeschlichen und politischen Kontexten des Neo-Salafismus ansetzte, in die er die hier in Frage stehende Gruppe einordnete. Mit seiner Kontextuierung zeigte er vor allem eins: Der Kontext hat eine gewisse Wirkungsmacht. Er wirkt allerdings nicht durch sich selbst, sondern indem die beteiligten Jugendlichen selbst auf ihn Bezug nehmen. Ohne ein – wie auch bloß intuitiv-tastendes – Bewusstsein dafür zu haben, dass die imaginierte Umma bzw. die Gemeinschaft der wahrhaft Glaubenden, als deren Avantgarde sie sich die Gruppenmitglieder nun mal verstanden, das vermeintliche Opfer böser irdischer Mächte und politischer Unterdrückung von geschichtsphilosophischem Ausmaß ist, wäre ihr Tun nicht zu erklären. Verweise von Gruppenmitgliedern auf den von ihnen so bezeichneten „Krieg gegen den Islam" machten dies deutlich. Auch Dziri und Kiefer berücksichtigten im zweiten Kapitel die Dimension des Kontextuellen. Sie widerlegten die einseitige Kontextualisierung des Psychologen Ahmad Mansour, der behauptet, der Djihadismus sei aus dem Kontext des traditionellen Islams hervorgegangen und entsprechend zu verstehen. Sie zeigten demgegenüber, dass die radikalen Mitglieder der Chatgruppe kaum Verbindungen zum oder Kenntnisse über den Islam der in Deutschland (oder anderswo) lebenden Muslime aufweisen. Auch das anschließende von Roth, Srowig und Zick verfasste dritte Kapitel unterstrich die weitestgehende Ignoranz der Gruppenmitglieder gegenüber dem in Deutschland gelebten Islam. Und schließlich legte auch Hüttermann in seiner Analyse sein Augenmerk auf das Kontextuelle. Der Kontext spielt ihm zufolge insofern eine Schlüsselrolle, als die hier analysierte djihadistische Gruppe erst vor dem Hintergrund einer gleichermaßen modernen wie globalen Kulturtechnik zu verstehen ist – nämlich der Technik der Aneignung von Ursprünglichkeit. Sie instrumentalisieren diese Technik in virtuoser, wenn auch mitunter unfreiwillig komisch erscheinender Weise. Folglich kann man diese Gruppe und nicht als Rückfall in eine frühere Epoche der Geschichte abtun. Sowohl die jugendlichen Verschwörer als auch der neo-salafistischen Djihadismus schlechthin sind vielmehr Kinder der Moderne.

Der Kontext wirkt nicht per se und automatisch; er muss nach Einschätzung des Forschungsnetzwerks Radikalisierung und Prävention vielmehr in konkrete Handlungen überführt werden. Damit sind wir bei der dritten Analysedimension, der sich alle Kapitel dieses Bandes widmeten, nämlich der Ebene des Machens, des Artefaktischen bzw. des Interaktiven. In allen Kapiteln wurde deutlich: Djihadistsiche Begriffe, Symbole und Bedeutungen flotieren nicht einfach durch eigenen Antrieb, sondern sie werden von ganz und gar irdischen Akteuren gebraucht, benutzt und verwendet. Sie gewinnen sie ihre Realität und Wirkungsmacht erst im Handlungsvollzug respektive in der Kommunikation der Beteiligten. So zeigte zunächst Ceylan wie sehr die dem Neo-Salafismus prägende Ideenrezeption von gezielten, selektiven Rezeptionsakten abhängt. Ferner stellten Dziri und Kiefer heraus, dass sich die „Kreativität" der selektiven Rezeption von den rezipierten Sinngehalten so weit abkoppelt, dass etwas entsteht, das in hohem Maße als Artifiziell erscheint. Desweiteren legten Srowig, Roth und Zick dar, dass die im Chat kursierenden vermeintlich authentisch-islamischen Sinngehalte u. a. in den Sog sexuell konnotierter Bedürfnisse geraten können. Und Hüttermann zeigt schließlich dar, dass, warum und wie sich ein großer Teil der Kommunikation um die Praxis das „*takfīr*-machen" dreht. Die auf Steigerung angelegte Eigendynamik dieser Praxis ist der Dreh- und Angelpunkt für den willkürlichen, instrumentellen und letztlich auch nihilistischen Umgang mit islamischen Bedeutungsgehalten.

Im Rahmen der gerade aufgezeigten und den obigen Kapiteln zugrunde liegenden drei Analysedimensionen wurde deutlich, dass das hier untersuchte Phänomen nicht auf nur einen Begriff gebracht werden kann, der es zur Gänze umfasste. Es handelt sich weder bloß um ein Jugendphänomen noch ausschließlich um die Wirkungsmacht besonderer Kontexte und Konfliktkonstellationen. Auch die Beschränkung der Analyse auf sich selbst verstärkende Interaktionen und Praktiken ist für sich betrachtet nicht zureichend, um das komplexe Phänomen zu erfassen. Die Unvollständigkeit einzelner Zugänge und Konzepte ist aber entgegen der Auffassung mancher Beobachter – gleich ob es sich bei ihnen um politisch Verantwortliche, um zivilgesellschaftlich Engagierte oder um Wissenschaftler handelt, die ein neues Themenfeld mit ihrem vermeintlich allzuständigen Catch all-Konzepten besetzen möchten – nicht als Defizit oder gar als Not oder zu verstehen. Sie ist vielmehr sowohl eine Tugend als auch eine Chance; denn erst wenn wir in unseren Analysen die Vielschichtigkeit eines sozialen Problems ernst nehmen und wenn wir damit zugleich anerkennen, das man aus mehreren Richtungen auf das Phänomen schauen müssen, können wir ihm auch mit entsprechend differenzierten und angemessenen Mitteln entgegentreten.

Damit nicht genug: Wir stehen erst am Anfang der Erforschung des empirischen Phänomens der neo-salafistisch-djihadistischen Radikalisierung: Weitere

Analysedimensionen müssen erst noch aufgespannt werden, nicht zuletzt der Genderaspekt bzw. das „Männerbündische", von dem oben nur beiläufig die Rede war. Es gilt einmal mehr jenen Sinnspruch zu beherzigen, demzufolge noch jede größere Reise mit ersten Schritten begonnen hat.

5.2 Policy Brief

Im Folgenden sollen skizzenhaft Empfehlungen ausgesprochen werden, die sich an Akteure aus Politik, Wissenschaft und Praxis richten. Die thesenartigen Überlegungen erheben keineswegs den Anspruch, das Thema in seinen vielfältigen Facetten und thematischen Verankerungen abzubilden. Es handelt sich vielmehr um Anmerkungen, die die aktuelle Diskussion anregen sollen.

a) Wissenschaft

Das Chatprotokoll zeigt exemplarisch, dass sehr junge Menschen sich in einem relativ kurzen Zeitraum radikalisieren und zu einer gewaltförmigen Performanz bereit sein können. Die Gründe für die hohe Dynamik der neo-salafistischen Mobilisierung und das daraus erwachsende Gewaltpotential sind nach wie vor nicht im ausreichenden Maße Gegenstand von wissenschaftlichen Untersuchungen. Zwar gibt es eine Reihe von Untersuchungen Forschungen, doch das aus dem Jahre 2016 stammende Fazit eines Autor*innenteams, das sich mit dem Forschungsstand befasste, trifft auch im Jahre 2017 zu: Es „[…] besteht ein Defizit an lebensweltlichen Forschungen, Milieustudien und biographischen Narrativen unter Einbeziehung der Binnenperspektive von Anhängern, Sympathisanten oder Gläubigen" (vgl. Hummel et al. 2016).

Spätestens wenn die hier inkriminierte Forschungslücke auch nur in Ansätzen geschlossen sein sollte, wird es darum gehen müssen, vergleichende Analysen anzustellen. Betrachtet man die Forschungslandschaft, dann ergibt sich der u. E. trügerische Eindruck ein, dass es sich bei der neo-salafistischen Radikalisierung um ein derart neuartiges Phänomen handelt, dass wir alles vergessen müssen, was wir bislang über Radikalisierung und Gewalt gelernt haben. Die Tatsache, dass das hier in Frage stehende soziale Phänomen bis zu einem – nur empirisch zu bestimmenden Grade – mit einer Religion verbunden zu sein scheint, die erst mit einer eingewanderten Minderheit ins Land gekommen ist und mithin von modernitätsverliebten Wissenschaftlern immer noch unter Vorzeichen des Exotischen, des Fremden und des Zurückgebliebenen betrachtet wird, verleitet offenbar zu dem Fehlschluss, es mit etwas Unvergleichbaren und Singulären zu tun zu haben.

Vergleichende Analysen können hier Abhilfe schaffen. Sie bringen die bereits bewältigten kollektiven Lernfortschritte der Wissenschaft ins Spiel bzw. in die Debatte, an welche die Analyse des Neuen anschließen muss. Indem komparative Forschung nicht gleichsetzt, sondern etwas gegenüberstellt, um Gemeinsamkeiten und Unterschiede sowie Kontinuitäten und Brüche herauszuarbeiten, fördert sie die systematische Bestandsaufnahme von Bekanntem und produktiv irritierendem Neuem.

Für eine solcherart komparative Forschung darf es keine Tabus geben. Es kann nicht allein darum gehen, immer nur islamische Gruppierungen gegenüberzustellen und miteinander zu vergleichen. Denn wer die unterschiedlichen Ausprägungen des aktuell gelebten Islams immer nur mit dem Islam zu erklären versuchte, würde sie zu Sonderthemen einer Sondergruppe verdinglichen, die exklusiv mit Sonderexpertisen und Sondermethoden zu analysieren wären. Es besteht die Gefahr, dass die Forschung damit hinter und unter das Niveau zurückfällt, das die moderne Wissenschaft etwa im Zuge ihrer Modernisierungs- und Globalisierungsdebatten erreicht hat (vgl. Kapitel 4). Warum also nicht religiös codierte oder verbrämte Radikalisierungsprozesse mit Radikalisierungsprozessen in der Fußballszene vergleichen? Warum nicht die Konversion zu Sekten oder Großkirchen, radikale Tendenzen im Extremsport, in der Kunst oder in den diversen Ernährungsszenen zum Vergleich heranziehen? Auch innerhalb der Wissenschaft (z. B. in der Wissenschaftsgeschichte) finden sich Radikalisierungsprozesse, deren Berücksichtigung für komparative Analysen fruchtbar sein könnte.

Für die noch ausstehende komparative Forschung, die dazu beiträgt das hier interessierende Terrain auszuleuchten, kann in lockerem Bezug auf Immanuel Kant gesagt werden: „Gedanken ohne Inhalte, die durch komparative Analysen zutage gefördert werden, sind leer und empirische Forschungen, die sich in der gedankenlosen Anschauung vermeintlicher Singularitäten ergehen, sind blind."

Schließlich ist über die Forschungsinfrastruktur von Wissenschaft neu nachzudenken. Viele der bisherigen Forschungsprojekte zur neo-salafistischen Mobilisierung und der Radikalisierung von Szeneakteuren – so das Verbundprojekt Junge Menschen und gewaltorientierter Islamismus: Biographische Entwicklungswege und sozialräumliche Konstellationen (IKG, IIT und DJI) – unterliegen zeitlichen Befristungen, die im Regelfall nicht über zwei oder drei Jahre hinausgehen. Eine dauerhafte Bindung von Forscherinnen und Forschern ist in der Regel in den üblichen Projektlandschaften, die an vielen universitären Standorten zu finden sind, nicht möglich. Die Herausbildung einer hohen fachlichen Expertise ist durch ständige Fluktuation und damit verbundenen Gedächtnis- und Kompetenzverlust erheblich erschwert.

Ferner ist zu konstatieren, dass projektbezogene Forschungen lediglich auf Teilfragen fokussieren können. Es fehlt die Metaperspektive, die alle Forschungsergebnisse des Feldes systematisch zusammenführt und Impulse bzw. Fragestellungen für weitere Forschungsvorhaben generiert.

Darüber hinaus ist der Wissenstransfer von der Forschung zur Praxis bislang unzureichend. Forschungsergebnisse erreichen oft nicht die Praxisfelder. Die Gründe hierfür sind vielfältig.

- Die schriftliche Darlegung der Forschungsergebnisse nimmt keinen Bezug auf die Praxisfelder. Ferner werden keine Empfehlungen für die Präventionsarbeit ausgesprochen. Eine Relevanz für die Arbeit pädagogischer Fachkräfte ist daher nicht erkennbar.
- Die Lektüre der Berichte ist in fachlicher Hinsicht voraussetzungsreich. D. h. ohne spezifische Fachkenntnisse bleiben die Berichte für Akteure der pädagogischen Arbeit oft unverständlich und damit ohne Wirkung.
- Forschungsberichte erreichen die Praxis nicht zeitnah. Die Praxis der Präventionsarbeit kann oft nur mit erheblichen Verspätungen auf neue Phänomene reagieren.

Die in Deutschland vorzufindende Radikalisierungs- und Präventionsforschung ist mithin durchweg partikular, temporär projektgebunden und damit prekär angelegt. Grundsätzlich gilt, dass die Radikalisierungs- und Präventionsforschung sich nicht im Stande sieht, aktuelle und die Öffentlichkeit bewegende Phänomene zu fokussieren und zu analysieren. Im Ergebnis bedeutet dies, dass die Forschung den bewegenden und drängenden Themen hinterherläuft.

Eine Auflösung der skizzierten Defizitlage ist unseres Erachtens nur im Kontext eines dauerhaft arbeitenden Forschungsinstituts möglich, das über angemessene personale Ressourcen verfügt. Ein solches Institut kann:

- In Deutschland systematisch den gegebenen Forschungsbedarf erheben
- Alle Relevante Partnerinnen und Partner zusammenführen
- Forschungsvorhaben planen und durchführen
- Forschungsergebnisse für Praxisakteure aufbereiten
- Fortbildungen für Praxisakteure durchführen
- Methoden für die Praxisfelder generieren und weiterentwickeln.

b) Präventionspraxis

Juristische Gründe ließen es nicht zu, das Chat-Protokoll vollumfänglich zu publizieren. Dies ist nicht nur mit Blick auf den wissenschaftlichen Erkenntnisfortschritt zu bedauern. Auch die Präventionspraxis selbst könnte von der Publikation eines solchen Dokuments sehr profitieren. So könnte das möglichst bald publizierte Dokument in didaktisch aufbereiteter Form zur Grundlage schulischer Unterrichtsreihen oder außerschulischer Lernprozesse werden, in denen sich Kinder, Jugendliche und Erwachsene mit Radikalisierung auseinandersetzen. Die Publikation des Dokuments wäre somit ein Beitrag zur präventiven Entzauberung aktuell kursierender Instant-Heilsangebote und mitreißender Gruppensettings sowie zur Autonomisierung junger Menschen.

Mit Blick auf die zentralen Ergebnisse der voranstehenden Analysen lassen sich für die Praxis ebenfalls gewisse Empfehlungen ableiten. Das beginnt etwa beim Begriff des Lego-Islam (Kapitel 2). Die Verwendung des Begriffs, ist nicht dem Bedürfnis zur Parodierung eines ernsthaften Problems geschuldet, sondern sie sollte vor allem dazu beitragen, den Aspekt des Spielerisch-Kreativen – bzw. das kindlich-jugendliche Bedürfnis kreativ zu sein – herauszustellen. Denn dies erklärt im beobachteten Fall einen Teil der Dynamik und des Schwungs der Radikalisierung. Für Prävention und Interventionen ergibt sich daraus die Herausforderung, zumindest in früheren Phasen der Radikalisierung nicht als „Spielverderber" aufzutreten, sondern dieses Bedürfnis erst einmal ernst zu nehmen, um ihm mit den eigenen Handlungen und Maßnahmen Rechnung tragen zu können.

Auch der Befund, dass die Jugendlichen im vorliegenden Fall ihr Erwachsenwerden beinahe organisch mit einer Heilskarriere verbinden (Kapitel 3), kann für die Praxis von Bedeutung sein, erklärt es doch die Attraktivität dieser Radikalisierungsform für diejenigen, die sich in ihr bewegen. Mit kaltem soziologischen Blick betrachtet, ist dann festzustellen, dass jugendliche Radikalisierte im fortgeschrittenen Stadium beim Ausstieg aus der Szene nicht nur ihr Milieubezogens symbolisches Kapital (Prestige, Renommee) und ihr soziales Kapital (Beziehungen) verlieren, sondern auch mit der subjektiv beschämenden Einsicht konfrontiert wären, dass sie sich bislang ganz und gar nicht erwachsen verhalten haben. Damit ergibt sich für die Praktiker*innen die Herausforderung, sowohl den Verlust des einmal akkumulierten Kapitals als auch das damit verbundene Schamgefühl aufzufangen und so zu rahmen, dass die Betroffenen ihm auch Positives abgewinnen können (z. B. Ausstieg als Statuspassage zur Reifung).

Ein weiterer Anschlusspunkt für die Forschung ergibt sich aus dem Resultat, dass im Falle der hier analysierten Chatgruppe, die Soziologik der Radikalisierung auf Beschleunigung angelegt ist. Vereinfacht gesagt, je weiter man auf dem Weg der vermeintlichen Heilskarriere voranschreitet, desto eiliger werden die nächsten Schritte. Diese Logik einer quasi exponentiellen Beschleunigung ist zwar in geradezu zerstörerischer Form effektiv, wenn es um die Mobilisierung junger Menschen zu extremen Gewalttaten geht. Gleichzeitig ist sie aber an genau derselben Stelle anfällig, aus der sich ihre Effektivität erklärt. Somit stellt alles das, was Verlangsamung oder gar den, wenn auch nur vorübergehenden, Stillstand der exponentiellen Beschleunigung der Gruppe oder auch einzelner ihrer Mitglieder bewirkt, den Fortgang des gesamten Radikalisierungsprozesses in Frage. Wenn die hier beobachtete Form der Radikalisierung nicht funktionieren kann, ohne sich selbst fortwährend zu beschleunigen, kann jede Form der harten oder weichen Intervention, die Zaudern, Zögern, Innehalten oder bewirkt, das Ende der Radikalisierung bedeuten. Wir wissen nicht, welcher für sich genommen noch so banale Form der Intervention, der Anruf einer Mutter, der Rat eines Vaters, die Ermunterung eines Lehrers, das Gespräch mit einem alten Freund letztendlich den Ausschlag gibt. Doch gerade deshalb sind wir bei dem Versuch, Tempo aus der Radikalisierung zu nehmen, auf die vielen kleinen Schritte angewiesen. Mit anderen Worten: Einmal an diesem Punkt angelangt, gilt es noch am Ende auf die Banalität des Guten zu setzen.

Aus allen drei Kapiteln lässt sich schließlich ableiten, dass Präventionsprogramme und Präventionsakteure den Fehler vermeiden sollten, das Phänomen der extremen Radikalisierung primär im Bereich muslimischer Milieus zu verorten und deshalb in der Prävention auf die vorhandenen Moschee- und Moschee-Verbandsstrukturen zu setzen. Radikalisierung in der Form, wie wir sie hier beobachtet haben, geht nicht aus muslimischen Institutionen und Milieus hervor und kann deshalb auch nicht durch deren vorrangige Einbeziehung in Präventionsprogramme bekämpft werden. Die Moscheen der etablierten Verbände sind nach Lage der Dinge keine zentralen Orte der Prävention. Es sind die jungen zornigen Menschen, die religiösen „Analphabeten" und die Sinnsuchenden, die in der präventiven Praxis fokussiert werden müssen. Und diese finden wir nicht im Mainstream der muslimischen Gemeinden und Moscheen, sondern vielmehr in Schulen, in den unterschiedlichen Sozialräumen und auch im virtuellen Raum. Der willkürliche, selektive und instrumentelle Umgang mit „dem Islam", den die voranstehenden drei empirischen Analysen herausarbeiten, lässt es vielmehr angeraten scheinen, außerhalb der religiösen Strukturen bestehende Institutionen stärker und effektiver zu machen. Wir gehen davon aus, dass die Radikalisierungsprävention maßgeblich eine Aufgabe der Regelakteure in Schule und Jugendhilfe darstellt. Diese kann aber nur dann effektiv wahrgenommen werden, wenn Personal ausreichend zur Verfügung steht und dieses über die Fachkenntnisse verfügt. Vor diesem Hintergrund sollte der Zuschnitt von Präventionsprogrammen überdacht werden. So fördert das Bundesprogramm „Demokratie leben!" überwiegend Projekte und Träger, die in den Bereichen der primären und sekundären Prävention tätig sind. Formate der tertiären Prävention – insbesondere im schulischen Raum – finden dabei nur unzureichend Berücksichtigung.

Literatur

Abels, H. (2008). Hagener Studientexte zur Soziologie. Lebensphasen: Eine Einführung. Wiesbaden: VS Verlag für Sozialwissenschaften.

Abels, H./ König, A. (2010). Sozialisation. Soziologische Antworten auf die Frage, wie wir werden, was wir sind, wie gesellschaftliche Ordnung möglich ist und wie Theorien der Gesellschaft und der Identität ineinanderspielen. Wiesbaden: Verlag für Sozialwissenschaften.

Alexander, Yonah/Alexander, Dean. 2015. The Islamic State. Combating the Caliphate without Borders. London: Lexington Books.

Al-Khanssaa-Brigade (2015). Women of the Islamic State. London: Quilliam Foundation.

Al-Sheha, A. R. (o. J.): Die Stellung der Frau im Islam. [URL: http://books.islamway.net/de/de_woman_in_the_shade_of_islam.pdf (01.02.2017)].

Anderson, Benedict (1991): Imagined Communities: Reflections on the Origin and Spread of Nationalism. London: Verso.

Anonym (2015): The Lions of Tomorrow. In Dabiq, 8, S. 20-21.

Arens, K./ Nösler, N. (2014). Jaaaa :) alles klar!! bis morgen hdl :-*. Der Ausdruck von Emotionen in SMS. In F. Berg & Y. Mende (Hrsg.). Verstehen und Verständigung in der Interaktion Analysen von Online-Foren, SMS, Instant Messaging, Video-Clips und Lehrer-Eltern-Gesprächen. Mannheim: Verlag für Gesprächsforschung, S. 46-60.

Armstrong, Karen 2007. Im Kampf für Gott. Fundamentalismus in Christentum, Judentum und Islam. München: Goldmann Verlag.

Aslan, Reza. 2010. Beyond Fundamentalism. Confronting Religious Extremism in the age of Globalization. New York: Random House.

Atwan, A. B. (2016). Das digitale Kalifat: Die geheime Macht des Islamischen Staates. München: Beck.

Baumeister, R., Smart, L. & Boden, J. M. (1996). Relation of threatened egotism to violence and aggression: The dark side of high self-esteem. Psychological Review, 103, 5 – 33.

Bearman, P.J./ Bianquis, TH./ Bosworth, C.E./ Van Donzel, E. & Heinrichs, W.P. (Eds.) (2000). The encyclopaedia of Islam. Vol. X. Leiden Brill.

Berger, Lutz. 2010. Islamische Theologie. Wien: Facultas Verlags- und Buchhandels AG

Böckler, N./ Zick, A. (2015). Wie gestalten sich Radikalisierungsprozesse im Vorfeld jihadistisch-terroristischer Gewalt? Perspektiven aus der Forschung. In Friedrich-Ebert-Stiftung (Hrsg.), Handlungsempfehlungen zur Auseinandersetzung mit islamistischem

Extremismus und Islamfeindlichkeit: Arbeitsergebnisse eines Expertengremiums der Friedrich-Ebert-Stiftung. Berlin: Forum Berlin, S. 99-121.

Borum, Randy (2011a): Radicalization into Violent Extremism I: A Review of Definitions and Applications of Social Science Theories. In: Journal of Strategic Security 4/4: 7-36.

Borum, Randy (2011b): Radicalization into Violent Extremism II: A Review of Conceptual Models and Empirical Research. In: Journal of Strategic Security 4/4: 37-61.

Bundesamt für Verfassungsschutz (2015). Jugend und Jihad. [URL: https://www.verfassungsschutz.de/de/oeffentlichkeitsarbeit/publikationen/pb-islamismus/faltblatt-2015-02-jugend-und-jihad (14.01.2017)].

Bundeskriminalamt/ Bundesamt für Verfassungsschutz/ Hessisches Informations- und Kompetenzzentrum gegen Extremismus (2016). Analyse der Radikalisierungshintergründe und -verläufe der Personen, die aus islamistischer Motivation aus Deutschland in Richtung Syrien und Irak ausgereist sind. Gemeinsame Auswertung durch BKA, BfV, HKE. [URL: https://www.verfassungsschutz.de/de/arbeitsfelder/af-islamismus-und-islamistischer-terrorismus/zahlen-und-fakten-islamismus/zuf-is-analyse-der-radikalisierungshintergruende (22.02.2017)].

Casanova, Josè. 2013. Europas Angst vor der Religion. Berlin: Berlin University Press

Ceylan, Rauf/Kiefer Michael. 2013. Salafismus. Fundamentalistische Strömungen und Radikalisierungsprävention. Wiesbaden: Springer Vs.

Cole, William Owen & Sambhi, Piara Singh (1995): The Sikhs: Their Religious Beliefs and Practices. Sussex Academic Press.

Commins, David. 2006. The Wahhabi Mission and Saudi Arabia. New York: I.B. Tauris.

Commins, David. 2015. From Wahhabi to Salafi. In: Haykel, Bernard/ Hegghammer, Thomas/ Lacroux, Stephane (eds.): Saudi Arabia in Transition. Insights on Social, Political, Economic and Religious Change. New York: Cambridge University Press, 151-166.

Cook, D. (2005). Understanding Jihad. Oakland, CA: University of California Press.

Coolsaet, R. (2015). Jihad as a Lifestyle. [URL: http://f3magazine.unicri.it/?p=1088 (11.04.2017)]

Curtis, Edward. E. 2010. Encyclopedia of Muslim-Amercian History. New York: Facts on File.

Dağistānī, Abdallāh Fācíz (1995): Der Naqschibandi-Weg. Ein Führungsbuch für die geistige Entwicklung. Bonndorf, Gorski & Spohr.

Dantschke, C./ Mansour, A./ Müller, J/Serbest, Y. (2011). „Ich lebe nur für Allah". Argumente und Anziehungskraft des Salafismus. Berlin: ZDK Gesellschaft Demokratische Kultur.

Deleuze, Gilles (1993): Logik des Sinns. Frankfurt a. M.: Suhrkamp.

Dürscheid, C./ Frick, K. (2014). Keyboard-to-Screen-Kommunikation gestern und heute: SMS und WhatsApp im Vergleich. In A. Mathias, J. Runkehl & T. Siever (Hrsg.), Sprachen? Vielfalt! Sprache und Kommunikation in der Gesellschaft und den Medien. Networx Nr. 64, S. 149-181.

Eijk, van Esther. 2010. Sharia and national law in Saudi Arabia, in: Jan Michiel Otto (ed.). Sharia Incorporated. A comparative overview of the legal systems of twelve Muslim countries in past and present. Leiden: Leiden University Press.

Elias, Norbert (1983): Die höfische Gesellschaft: Untersuchungen zur Soziologie des Königtums und der höfischen Aristokratie. Frankfurt a. M.: Suhrkamp.

El-Mafaalani, A. (2016). Wenn Konformität zur Rebellion wird – Der Salafismus als jugendkulturelle Provokation. In Landesinstitut für Schulentwicklung, Landeszentrale für politische Bildung Baden-Württemberg & Ministerium für Kultus, Jugend und Sport Baden-Württemberg. Jugendliche im Fokus salafistischer Propaganda. Was kann schulische Prävention leisten? Teilband 1. S. 82-85.

Encyclopaedia of Islam (1960-2004). Leiden: Brill.
Ess, Josef van (1991): Theologie und Gesellschaft im 2. und 3. Jahrhundert der Hidschra. Eine Geschichte des religiösen Denkens im frühen Islam, Bd. I. Berlin: De Gruyter.
Fandrych, C./ Thrumair, M. (2011). Plädoyer für eine textsortenbezogene Sprachdidaktik. In Deutsch als Fremdsprache, 2, S. 84-93.
Farquhar, Michael. 2016. Migration, Education, and the Wahhabi Mission. Stanford University Press.
Federl, F. (2015). Phänomen Pop-Dschihad Männlich, muslimisch, jung gesucht. In Tagesspiegel [URL: http://www.tagesspiegel.de/kultur/phaenomen-pop-dschihad-maennlich-muslimisch-jung-gesucht/11268470.html (13.03.2017)].
Frankenberger, P./ Glaser, S./ Hofmann, I. (2015). Islamismus im Internet. Propaganda – Verstöße – Gegenstrategien. [URL: https://www.bpb.de/politik/extremismus/radikalisierungspraevention/211427/bericht-islamismus-im-internet-propaganda-verstoesse-gegenstrategien (08.03.2017)].
Gabriel, Karl. 2013. Säkularisierung, religiöse Vitalisierung und Fundamentalisierung. Globale Trends als Herausforderung für ein friedliches Zusammenleben der Religion und Weltanschauungen, in Goertz, Stephan/Hein, Rudolf B./Klöcker, Katharina (Hrsg.): Fluchtpunkt Fundamentalismus? Gegenwartsdiagnosen katholischer Moral, Freiburg i.B.: Verlag Herder, S. 217-236.
Gauvain, R. (2013). Salafi Ritual Purity, In the Presence of God. New York. Routledge.
Gemein, Gisbert/Redmer, Hartmut. 2005. Islamischer Fundamentalismus. Münster: Aschendorff Verlag.
Goffman, Erving (1967): Interaction Ritual. Essays in Face-to-Face Behavior. Chicago: Aldine.
Goffman, Erving (1974): Frame Analysis. New York/Hagerstown/San Francisco/London: Harper.
Graitl, Lorenz. 2012. Sterben als Spektakel. Zur kommunikativen Dimension des politisch motivierten Suizids. Wiesbaden: Springer VS.
Grathoff, Richard (1989): Milieu und Lebenswelt. Einführung in die phänomenologische Soziologie und die sozialphänomenologische Forschung. Frankfurt a. M.: Suhrkamp.
Grunebaum, Gustav E. von (1969): Studien zum Kulturbild und Selbstverständnis des Islams. Zürich: Artemis.
Günther, C./ Ourghi, M./ Schröter, S./ Wiedl, N. (2016): Dschihadistische Rechtfertigungsnarrative und mögliche Gegennarrative, HSFK-Report Nr. 4. In J. Biene, C. Daase, S. Gertheiss, J. Junk & H. Müller (Hrsg.), HSFK-Reportreihe „Salafismus in Deutschland". Frankfurt a. M.
Habibis, Daphne (1992): Change and Continuity: A Sufi Order in Contemporary Lebanon. Social Analysis 31: 44-78.
Heerlein, A. (2014). „Salafistische" Moscheen: Ort des Gebets oder eine Bruttstätte für dschihadistische Muslime? In: K. Hummel & M. Logvinov (Hrsg.), Gefährliche Nähe: Salafismus und Dschihadismus in Deutschland. Stuttgart: ibidem, S. 155-182.
Herding, M. (2013). Radikaler Islam im Jugendalter: Erscheinungsformen, Ursachen und Kontexte. Halle: DJI Arbeits- und Forschungsstelle Rechtsextremismus und Fremdenfeindlichkeit.
Hitzler, Roland (1988): Ein Beitrag zum Verstehen von Kultur. Opladen: Westdeutscher Verlag.
Hitzler, Ronald & Anne Honer, (1994): Bastelexistenz. Über subjektive Konsequenzen der Individualisierung. S. 307-315 in: Ulrich Beck /Elisabeth Beck-Gernsheim (Hrsg.):Riskante Freiheiten. Frankfurt a. M.: Suhrkamp.

Hodgson, Marshall G.S. 1977. The Venture of Islam. Volume 1: The Classical Age of Islam, Chicago: The University of Chicago Press.

Hummel, K./ Kamp, M./ Spielhaus, R./ Stetten, L.-M./ Zick, A. (2016): Datenlage und Herausforderungen empirischer Forschung. In J. Biene, C. Daase, J. Junk & H. Müller (Hrsg.), Salafismus und Dschihadismus in Deutschland. Ursachen, Dynamiken und Handlungsempfehlungen. Frankfurt: Campus Verlag.

Hüttermann, Jörg (2002): Islamische Mystik: Ein ‚gemachtes Milieu' im Kontext von Modernität und Globalität. Würzburg: Ergon.

Hüttermann, Jörg (2011): Moscheekonflikte im Figurationsprozess der Einwanderungs-gesellschaft: Eine soziologische Analyse. S. 39-82 in: Werner Schiffauer (Hrsg.): Migrationsreport 2010. Fakten – Analysen – Perspektiven. Frankfurt a.M./New York: Campus.

Hüttermann, Jörg (2015): Figurational Change and Primeordialism in a Multicultural Society: A Model Explained on the Basis of the German Case. In: After Integration: Islam, Conviviality and Contentious Politics in Europe. Burchardt, Marian and Michalowski, Ines (Eds.); Springer VS: 17-42.

Imo, W. (2015). Vom ikonischen über einen indexikalischen zu einem symbolischen Ausdruck? Eine konstruktionsgrammatische Analyse des Emoticons :-) In K. Fischer, A. Stefanowitsch, A. Lasch & J. Bücker (Hrsg.), Konstruktionsgrammatik V. Konstruktionen im Spannungsfeld von sequenziellen Mustern, kommunikativen Gattungen und Textsorten. Tübingen: Stauffenburg Linguistik, S. 133–162.

Inan, A. (2017). Jugendliche als Zielgruppe salafistischen Internetaktivität. In A. Toprak & G. Weitzel (Hrsg.), Salafismus in Deutschland. Jugendkulturelle Aspekte, pädagogische Perspektiven. Wiesbaden: Springer VS, S. 103-117.

Ingram, Haroro J. 2016. The Charismatic Leadership Phenomen in radical and militant Islamism. New York: Routledge.

Inzlicht, M. & Schmader, T. (2012). Stereotype threat: theory, process, and application. Oxford: Oxford University Press.

Jokisch, Benjamin. 2014. „Salafistische" Strömungen im vormodernen Islam, in: Rauf Ceylan/ Benjamin Jokisch (Hrsg.): Salafismus in Deutschland. Entstehung, Radikalisierung und Prävention. Frankfurt a.M.: Peter Lang, S. 15-36.

Keupp, Heiner (1997): Ambivalenzen postmoderner Identität. S. 336-352 in: Ulrich Beck / Elisabeth Beck-Gernsheim (Hrsg.): Riskante Freiheiten. Frankfurt a. M.: Suhrkamp.

Kiefer, Michael 2015. „Die Selbsterhöhten. Tausende Kämpfer aus Europa kämpfen für die Terrormiliz", in Das Parlament 16, S. 16.

Klawe, W. (2016). Die Lebenswelt junger Muslime und die Faszination des Islam. Deutsche Jugend, 9. [URL: https://www.beltz.de/de/fachmedien/sozialpaedagogik_soziale_arbeit/unsere_autoren/autorenseite/1499-willy_klawe.html (23.01.2017)].

Lash, Scott (1999) Another Modernity: A different Rationality, Oxford: Wiley-Blackwell.

Laurence, Jonathan. 2016. Wie der Salafismus in unsere Welt kam, abgerufen unter: http://www.faz.net/aktuell/feuilleton/debatten/islam-debatte-wie-der-salafismus-in-unsere-welt-kam-14342427.html?printPagedArticle=true#pageIndex_2 (letzter Abruf: 20.10.2016).

Liebig, I. (2016). „Call of Duty" – westliche Frames zur Rekrutierung der Jugend durch den „IS". In Landesinstitut für Schulentwicklung, Landeszentrale für politische Bildung Baden-Württemberg & Ministerium für Kultus, Jugend und Sport Baden-Württemberg. Jugendliche im Fokus salafistischer Propaganda. Was kann schulische Prävention leisten? Teilband 1. S. 86-90.

Lohlker, R., El Hadad, A., Holtmann, P. & Prucha, N. (2016). Transnationale Welten. In. Biene, J., Daase C., Junk, J. & Müller, H. (Hrsg.). Salafismus und Dschihadismus in Deutschland. Ursachen, Dynamiken. Handlungsempfehlungen. Frankfurt. Campus Verlag GmbH.
Luhmann, Nikals (1997): Die Gesellschaft der Gesellschaft, Bd. 1. Frankfurt a. M.: Suhrkamp.
Masters, Bruce. 2013. The Arabs oft he Ottoman Empire, 1516-1918. A Social and Cultural History. New York: Cambridge University Press.
Matusitz, J. (2015). Symbolism in Terrorism: Motivation, communication, and behavior. Lanham: Rowman & Littlefield.
Mayring, Ph. (2010 [1983]). Qualitative Inhaltsanalyse. Grundlagen und Techniken. Weinheim: Beltz
Meier, Fritz (1995): Meister und Schüler im Orden der Naqshbandiyya. Heidelberg: Universitätsverlag Winter.
Merton, Robert K. (1995): The Thomas Theorem and the Matthew Effect. In: Social Forces 74(2): 379-424.
Mevdudi , Seyyid Ebu'l A'la. .1995. Kur'an'nin dört temel terimi. Ilah-Rab-Din-Ibadet. Istanbul: Özgün Kitabevi
Ministerium für Inneres und Kommunales des Landes Nordrhein-Westfalen (2016). Extremistischer Salafismus als Jugendkultur. Sprache, Symbole und Style. [URL: https://www.mik.nrw.de/fileadmin/user_upload/Redakteure/Verfassungsschutz/Dokumente/Broschueren/Extremistischer_Salafismus_als_Jugendkultur_Internet_Aufl3.pdf (14.01.2017)].
Mohagheghi, H. (2015). Frauen für den Dschihad. Das Manifest der IS-Kampferinnen. Freiburg i. Br.: Herder.
Molthagen, D. (2015). Handlungsempfehlungen zur Auseinandersetzung mit islamischem Extremismus und Islamfeindlichkeit. Berlin: Friedrich-Ebert-Stiftung Forum Berlin.
Müller, J./ Nordbruch, G. (2016). Schlussfolgerungen für die pädagogische Praxis im Umgang mit muslimischen Jugendlichen: Inhalte und pädagogische Haltungen. In Landesinstitut für Schulentwicklung. Landeszentrale für politische Bildung Baden-Württemberg & Ministerium für Kultus, Jugend und Sport Baden-Württemberg. Jugendliche im Fokus salafistischer Propaganda. Was kann schulische Prävention leisten? Teilband 1. S. 104-107.
Murtaza, Muhammad Sameer. 2016. Die gescheiterte Reformation. Salafistisches Denken und die Erneuerung des Islam. Freiburg i.B.: Verlag Herder.
Neumann, P. (2015). Die neuen Dschihadisten: ISIS, Europa und die neue Welle des Terrorismus. Berlin: Ullstein.
Opitz, B & Rauss, U. (2016). Vom Ruhrpott in den Heiligen Krieg. [URL: http://www.stern.de/panorama/gesellschaft/dinslaken-lohberg--vom-ruhrpott-in-den-heiligen-krieg-7200272.html (11.04.2017)]
Pisoiu, D. (2016). Die Dschihad-Subkulur im Westen. Bpb. [URL: http://www.bpb.de/politik/extremismus/islamismus/221565/die-dschihad-subkultur-im-westen (20.09.2016)].
Prucha, N. (2012). Die Vermittlung arabischer Jihadisten-Ideologie: Zur Rolle deutscher Aktivisten. In Steinberg, G. (Hrsg.) Jihadismus und Internet: Eine deutsche Perspektive. Berlin. Stiftung Wissenschaft und Politik.
Qutb, Sayyid. 2005. Milestones. CreateSpace Independent Publishing Platform
REMID (2016): Religionswissenschaftlicher Medien- und Informationsdienst. http://remid.de/info_zahlen/islam (zuletzt aufgerufen, am 22. 12. 2016).
Riesebrodt, Martin 2001. Die Rückkehr des Religiösen. Fundamentalismus und der „Kampf der Kulturen". München: C. H. Beck.

Riesebrodt, Martin 2004. „Die globale Rückkehr von Religionen", in Religion und Gesellschaft, hrsg. von Gabriel, Karl; Reuter, Hans-Richard, S. 355-376. Paderborn: Ferdinand-Schöningh Verlag.

Riesebrodt, Martin 2007. Cultus und Heilversprechen. Eine Theorie der Religionen. München: C. H. Beck.

Robertson, Robert (1992): Globalization. Social Theory and Global Culture. London/Thousand Oaks/New Delhi: Sage.

Rogan, Eugene. 2015. The Fall of the Ottomans. The Great War in the Middle East. New York: Basic Books.

Rohe, Mathias. 2010. Islamismus in Deutschland. Einige Anmerkungen zum Thema, in: Thomas Gerald Schneiders (Hrsg.): Islamverherrlichung. Wenn die Kritik zum Tabu wird. Wiesbaden: VS Verlag, S. 171-184.

Roy, Olivier. 2010. Heilige Einfalt. Über die politischen Gefahren entwurzelter Religionen. München: Siedler Verlag

Said, B. (2012). Hymns (Nasheeds): A Contribution to the Study of the Jihadist Culture, Studis in Conflict and Terrorism, 12, 863-879.

Schenk, A. (2016). Dschihad im Kinderzimmer. Zahlreiche Jugendliche gleiten in die islamistische Szene ab. Warum – und wie schützt man sie davor? [URL: http://www.zeit.de/2016/22/islamismus-salafismus-islamischer-staat-jugendliche-schutz (13.03.2017)].

Scherr, A. (2010). Cliquen/informelle Gruppen: Strukturmerkmale, Funktionen und Potentiale. In Harring,M./ Böhm-Kaspar, O./ Rohlfs, C. & Palentien, C. (Hrsg.), Freundschaften, Cliquen und Jugendkulturen. Peers als Bildungs- und Sozialisationsinstanzen. Wiesbaden: Springer VS. S. 73-90.

Schiffauer, Werner (2000): Die Gottesmänner. Türkische Islamisten in Deutschland. Frankfurt a. M.: Suhrkamp.

Schiffauer, Werner. 2000. Die Gottesmänner. Türkische Islamisten in Deutschland. Frankfurt a. M.: Suhrkamp.

Schröter, S. (2015). Die jungen Wilden der Umma. In J. Kursawe, M. Johannsen, C. Baumbgart-Ochse, M. von Boemecken & I.-J. Werker (Hrsg.), Friedensgutachten 2015. Berlin: LIT Verlag.

Simmel, Georg (1992): Soziologie. Untersuchungen über die Formen der Vergesellschaftung. Leipzig: Duncker & Humblot.

Sloterdijk, Peter. 2007. Gottes Eifer. Vom Kampf der Monotheismen. Frankfurt a.M./Leipzig: Verlag der Weltreligionen.

Srowig, F./ Roth, V./ Böckler, N./ Zick, A. (2017): Junge Menschen und die erste Generation des islamistischen Terrorismus in Deutschland: Ein Blick auf Propagandisten, Reisende und Attentäter. In Polizei und Wissenschaft.

Stauth, Georg/Turner, Brian, (1986): Nietzsche in Weber oder die Geburt des modernen Genius im professionellen Menschen. in: Zeitschrift für Soziologie 15: 81-94.

Storrer, A. (2001). Sprachliche Besonderheiten getippter Gespräche. Sprecherwechsel und sprachliches Zeigen in der Chat-Kommunikation. In M. Beißwenger (Hrsg.), Chat-Kommunikation. Sprache, Interaktion, Sozialität & Identität in synchronercomputervermittelter Kommunikation. Perspektiven auf ein interdisziplinäres Forschungsfeld. Stuttgart: ibidem, S. 3-24.

Süddeutsche (2015). WhatsApp mit mehr als 800 Millionen aktiven Nutzern. In Süddeutsche.de am 18.04.2015. Unter: http://www.sueddeutsche.de/news/wirtschaft/ telekommunikation-whatsapp-mit-mehr-als-800-millionen-aktiven-nutzern-dpa.urnnewsml- dpa-com-20090101-150418-99-02112 (12.05.2015).

Tajfel, H. & Turner, J. C. (1979). An integrative theory of intergroup conflict, In Austin, W.G. & Worchel, S. (Hrsg.), The social psychology of intergroup relations, Monterey, Cal., S. 33-47.

Tajfel, H. & Turner, J. C. (1986). The social identity theory of intergroup behavior. In Worchell, S. William G. Austin (Hrsg.), Psychology of intergroup relations, 2nd ed., Chicago, IL, S. 7-24.

Thomas, William I./Thomas Dorothy S. (1928): The Child in America. New York: Knopf.

Tillmann, A./ Fleischer, S./ Hugger, K. (2014). Handbuch Kinder und Medien. Wiesbaden: Springer VS.

Toprak, A./ Weitzel, G. (2017). Warum Salafismus den jugendkulturellen Aspekt erfüllt. In A. Toprak & G. Weitzel (Hrsg.), Salafismus in Deutschland. Jugendkulturelle Aspekte, pädagogische Perspektiven. Wiesbaden: Springer VS, S. 47-59.

Tsintsadze-Maass, E. & Maass, R. W. (2014). Groupthink and terrorist radicalization. Terrorism and Politial Violence, 26, 735-758.

Warum zieht es junge Menschen nach Syrien? Wegen der coolen IS-Videos und der Perspektivlosigkeit im Westen? Die Gründe sind immer individuell. Das Phänomen Pop-Dschihad.

Watzlawick, Paul Beavin, Janet & Don Jackson (2011): Menschliche Kommunikation – Formen, Störungen, Paradoxien. Bern: Huber.

Weber, Max (1922a): Wissenschaft als Beruf. S. 524-555 in: ders.: Gesammelte Aufsätze zur Wissenschaftslehre. Tübingen: Mohr.

Weber, Max (1922b): Die Objektivität sozialwissenschaftlicher und sozialpolitischer Erkenntnis. S. 146-214 in: ders. Gesammelte Aufsätze zur Wissenschaftslehre. Tübingen: Mohr.

Wensierski, H.-J. v./ Lübcke, C. (2007). Junge Muslime in Deutschland: Lebenslagen, Aufwachsprozesse und Jugendkulturen. Opladen: Budrich.

Wenzel, Horst (1988): Höfische Repräsentation. Zu den Anfängen der Höflichkeit im Mittelalter. S. 73-92 in: Festschrift für Friedrich H. Tenbruck: Kultur im Zeitalter der Sozialwissenschaften (Soziale Welt: Sonderband 6). Göttingen: Schwartz

Werner, Karin S. (1999): Vom wilden Teenager zur Bürgerin – Der Islamismus als neue Form der Vergesellschaftung junger Frauen in Ägypten. S. 249-276 in: Ruth Klein-Hessling/Sigrid Nökel/Karin Werner (Hrsg.): Der neue Islam der Frauen: Weibliche Lebenspraxis in der globalisierten Moderne. Fallstudien aus Afrika, Asien und Europa. Bielefeld: transcript.

Wiktorowicz, Quintan. 2006. Anatomy of the Salafi Movement, in: Studies in Conflict and Terrorism 29, Issue 3.

Zick, A. (2005). Die Konflikttheorie der Theorie der sozialen Identität. In T. Bonacker (Hrsg.), Sozialwissenschaftliche Konflikttheorien: Eine Einführung (Friedens- und Konfliktforschung, Bd. 5) (3. Aufl.). Wiesbaden: Springer VS, S. 409 – 426.

Zick, A. (2016). Das Vorurteil über Muslime. In P. Antes & R. Ceylan & (Hrsg.), Muslime in Deutschland: Historische Bestandsaufnahme, aktuelle Entwicklungen und zukünftige Forschungsfragen (Reihe Islam in der Gesellschaft, hrsg. von R. Ceylan, N. Foroutan & A. Zick) (S. 39 – 57). Wiesbaden: Springer VS.

Zick, A. (2017). Extremistische Inszenierungen: Prozesse der Radikalisierung und ihre Prävention. In J. Hoffmann & N. Böckler (Hrsg.), Radikalisierung und extremistische Gewalt: Perspektiven aus dem Fall- und Bedrohungsmanagement. Wiesbaden: Polizei & Wissenschaft.

Das Team des Forschungsnetzwerks Radikalisierung und Prävention (FNRP)

Prof. Dr. Dr. Rauf Ceylan lehrt und forscht am Institut für Islamische Theologie an der Universität Osnabrück. Seine Forschungstätigkeiten zu den Themen Muslime, Migration und Integration sind migrations- und religionssoziologisch ausgerichtet. Er ist Mitglied im Institut für Migrationsforschung und Interkulturelle Studien (IMIS) und im Rat für Migration (RfM eV).

Bacem Dziri ist Islamwissenschaftler am Institut für Islamische Theologie an der Universität Osnabrück. In Niedersachsen und Hessen ist er mit der wissenschaftliche Begleitung zu Maßnahmen gegen Salafismus und Extremismus beauftragt. Zugleich promoviert er zum Thema „Moderne innerislamische Toleranzdiskurse – Der Iḫtilāf zwischen Gnade und Plage". Zu seinen Forschungsschwerpunkten zählen innerislamische Diskurse und Kontroversen, Islamische Kultur- und Geistesgeschichte, Muslime an deutschen Hochschulen sowie islamisierter Extremismus und Radikalisierung.

Dr. Jörg Hüttermann studierte Soziologie und Geschichte in Wuppertal, Bonn, Bielefeld und Madrid. Seit 2015 ist er Mitarbeiter am Institut für Islamische Theologie der Universität Osnabrück. Er promovierte im Jahr 1998 im Fachbereich Soziologie der Universität Bielefeld mit einer Studie über „Islamische Mystik in Deutschland". Zuvor war er am Max-Planck-Institut zur Erforschung multiethnischer und multireligiöser Gesellschaften/Göttingen sowie am Institut für Interdisziplinäre Konflikt- und Gewaltforschung der Universität Bielefeld tätig. Seine ethnographisch ansetzenden Forschungen fokussieren insbesondere auf Konflikte in urbanen Räumen westlicher Einwanderungsgesellschaften.

Dr. Michael Kiefer ist Leiter einer Post-Doc-Gruppe für „Muslimische Sozialarbeit" am Institut für Islamische Theologie an der Universität Osnabrück. Zu seinen Arbeits- und Forschungsschwerpunkte als Islamwissenschaftler zählen u. a. Islam in Europa, Integration von Zuwanderern im kommunalen Raum, Salafismus und Radikalisierungsprävention sowie pädagogischer Umgang mit Migration.

Viktoria Roth studierte Soziologie. Sie ist wissenschaftliche Mitarbeiterin am »Institut für Interdisziplinäre Konflikt- und Gewaltforschung« der Universität Bielefeld. In ihrem Dissertationsprojekt befasst sie sich mit geschlechtsspezifischen Inszenierungen in verschiedenen Gewaltkontexten. Neben der geschlechtersensiblen Analyse von Radikalisierungsprozessen im Kontext von School Shootings und Terrorismus umfassen ihre Forschungsinteressen die Felder der Selbstkonzeptforschung und der Mediensozialisation.

Fabian Srowig studiert Soziologie im Master an der Universität Bielefeld. Er ist wissenschaftlicher Mitarbeiter in dem Projekt „Junge Menschen und gewaltorientierter Islamismus" am Institut für interdisziplinäre Konflikt- und Gewaltforschung an der Universität Bielefeld. Als Soziologe liegen seine Forschungsinteressen insbesondere bei der Urbanen Soziologie, Kriminologie, Sozialisationstheorie, Jugendgewalt und Radikalisierung.

Prof. Dr. Andreas Zick ist Direktor des »Instituts für Interdisziplinäre Konflikt und Gewaltforschung« (IKG) sowie Professor für Sozialisation und Konfliktforschung an der Fakultät für Erziehungswissenschaft der Universität Bielefeld. Seine Forschungsinteressen umfassen Konflikte zwischen Gruppen sowie Analysen von Beeinflussungen durch Vorurteile und Diskriminierung, Akkulturation, Rechtsextremismus, Gewalt und Radikalisierung. Andreas Zick ist Herausgeber verschiedener Buchreihen sowie im Editorial Board des International Journal of Conflict and Violence.

21520094R00092

Printed in Poland
by Amazon Fulfillment
Poland Sp. z o.o., Wrocław